AF384940

ÉTUDES CRITIQUES

SUR LES HELIX DU GROUPE DE

L'HELIX RUFESCENS

(PENNANT)

XII

ÉTUDES CRITIQUES

SUR LES HELIX DU GROUPE DE

L'HELIX RUFESCENS

(PENNANT)

(Helix striolata, H. rufescens, H. montana, H. cœlata H. circinata, H. clandestina, etc.)

PAR

ARNOULD LOCARD

LYON

IMPRIMERIE PITRAT AINÉ

4, RUE GENTIL, 4

—

1888

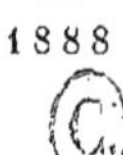

XII

ÉTUDES CRITIQUES

SUR LES HELIX DU GROUPE DE

L'HELIX RUFESCENS

(PENNANT)

(Helix striolata, H. rufescens, H. montana, H. cælata, H. circinata
H. clandestina.)

———◇◇◇———

Sous le nom d'*Helix rufescens*, la plupart des auteurs français, suisses,
anglais ou allemands ont réuni un certain nombre de formes plus ou
moins affines, généralement mal connues et mal dénommées, quoique
pourtant elles ne soient pas très rares, et sur lesquelles une singulière
obscurité a toujours régné. Le plus grand nombre de ces espèces faisant
partie de la faune française, nous nous sommes proposé, après de longues
et minutieuses recherches, d'en faire une étude aussi complète et aussi
approfondie que possible, espérant jeter enfin un peu de lumière sur une
question qui, jusqu'à ce jour, semblait des plus complexes.

La plus anciennement dénommée parmi toutes les espèces que nous
examinerons dans ce travail a nom *Helix rufescens*. Thomas Pennant,
dans la deuxième édition de son *British Zoology* (1), publié en 1777, en
donna une description sommaire, comme on les faisait du reste à cette
époque, accompagnée d'une figuration, sinon parfaite, du moins suffisamment caractérisée. Cette même forme, d'après son auteur, avait été

(1) *Helix rufescens*, **Pennant**, 1777. *British Zoology*, **IV**, p. 116, pl. **LXXXV**, fig. 127.

précédemment étudiée et figurée par Lister, dans son ouvrage sur les coquilles d'Angleterre (1).

Le nom de *rufescens*, il faut bien en convenir, n'était pas très heureusement choisi; susceptible de s'appliquer à bon nombre d'autres coquilles, étayé par une diagnose par trop générale, il devint la cause de nombreuses erreurs spécifiques. En outre, comme le fit observer Donovan (2), il fallut bientôt reconnaître que cet *Helix* qualifié de *rufescens* avait souvent une tout autre coloration. Pennant avait adopté le nom qui figurait dans la dénomination explicative inscrite par Lister au-dessous de sa figuration (3); une fois donné et régulièrement enregistré dans la méthode binominale, il n'y avait aucune raison plausible pour le changer; il fut donc admis sans le moindre conteste par tout le monde, et devint le drapeau sous lequel on enrégimenta plus tard une foule de formes auglaises ou étrangères, souvent des plus disparates, et toujours sans que les auteurs prissent la peine d'en confronter une bonne fois les différents types les uns avec les autres. C'est ainsi, par exemple, que Ludovic Pfeiffer, sans justification légitime, ne groupe pas moins de onze dénominations spécifiques distinctes autour du type original de Pennant (4).

Quelques années plus tard, le Dr Samuel Studer, à la demande qui lui en avait été faite par William Coxe, donna, à la suite du tome III du *Voyage en Suisse* écrit par ce dernier auteur (5), une sorte de catalogue des Mollusques de la Suisse, intercalé dans une *Fauna Helvetica*. C'est dans ce catalogue, qui compte onze pages seulement, que figurent pour la première fois les noms de *Helix montana*, entre l'*Helix nemoralis* (6) et l'*H. arbustorum* (7), et de *Helix cœlata*, entre l'*Helix quadridens* (8) et l'*H. lubrica* (9), mais sans autre mention que ces mots : « nouvelle espèce ».

La place assignée par Studer à son *Helix montana*, et surtout à son *Helix cœlata* peut paraître assez singulière; mais ajoutons que d'après

(1) Lister, 1678. *Historia animalium Angliæ*, pl. II, titulus XII, p. 125.

(2) Donovan, 1803. *The Natural History of British shells*, V, pl. CLVII, fig. 1.

(3) *Cochlea dilute rufescens, aut subalbida, sinu ad umbilicum exiguo, circinato.*

(4) L. Pfeiffer, 1848. *Monographia Heliceorum viventium*, 1, p. 141.

(5) William Coxe, 1789. *Travels of Switzerland*, 3 vol. in-8, London. — Trad. française. Paris, 1790, 3 vol. in-8. Le travail de Studer, d'après une note que veut bien nous communiquer M. de Loriol, de Genève, ne figurerait que dans l'édition française qui possède, du reste, plusieurs autres additions.

(6) *Helix nemoralis*, Linné, 1758. *Systema naturæ*, édit. X, p. 773.

(7) *Helix arbustorum*, Linné, 1758. *Loc. cit.*, p. 771.

(8) *Helix quadridens*, Müller, 1774. *Vermium terrestrium et fluviatilium Historia*, 11 p. 107. — *Chondrus quadridens, Auct.*

(9) *Helix lubrica*, Müller, 1774. *Loc. cit.*, p. 104. — *Zua subcylindrica, Auct.*

l'examen de ce petit catalogue, le groupement des espèces, notamment celui des quarante-neuf *Helix* qui y sont signalés, est quelque peu fantaisiste. Quoi qu'il en soit, et par ce qu'il en advint dans la suite, nous n'hésitons pas à considérer l'*Helix cœlata* comme un véritable *Helix*.

En 1820, le même auteur publie, sous deux formes différentes, un nouveau catalogue (1), beaucoup plus complet et beaucoup plus détaillé que le premier, puisqu'il comprend cent trente-trois espèces au lieu de quatre-vingt-dix. Ici les formes sont génériquement et spécifiquement groupées. Studer sépare désormais les véritables *Helix* des *Hyalinia, Tapada, Bulimus, Pupa, Torquilla, etc.* Parmi les *Ilelix*, nous retrouvons l'*Helix cœlata*, orthographié d'une façon différente, et l'*Helix montana*; en outre, figure pour la première fois le nom d'*Helix circinata* (2); mais ces trois formes sont encore accompagnées de descriptions absolument sommaires, sur lesquelles nous aurons à revenir, à propos de chacune de ces coquilles.

Avant d'aller plus loin, il importe de constater un fait qui ne nous paraît pas sans quelque importance. A l'époque où Samuel Studer écrivait, les malacologistes n'étaient certes point prodigues d'espèces. De plus, Studer, docteur en philosophie et en théologie, auteur de plusieurs publications relatives à l'histoire naturelle, devait avoir eu connaissance des écrits de Pennant. Si donc il instituait, soit en 1790, soit en 1820, trois formes nouvelles, c'est bien parce qu'il ne reconnaissait aucune de ces formes dans les publications parues jusqu'alors. Quiconque a parcouru le mémoire de 1820 a pu se rendre compte, en lisant les critiques synonymiques de cet auteur, des connaissances approfondies et variées qu'il possédait en malacologie. Et pourtant, après avoir inscrit ses *Helix montana* et *Helix cœlata*, nous retrouvons, à peine une page plus loin, un *Ilelix rufescens* qui fait confusion évidente avec celui de Pennant, puisque Studer le classe entre les *Helix nitida* (3) et *H. fulva* (4) de Draparnaud, et le compare à l'*Helix glabella* de Hartmann (5). Quoi qu'il en soit,

____

(1) Studer, 1820. *Systematisches Verzeichniss der bis jetzt bekannt gewordenen Schweizer-Conchylien*, 1 br. in-8. — *Kurzes Verzeichniss der bis jetzt in unserm Vaterlande entdeckten Conchylien, in* Meissner, *Naturwiss. Anzeiger der Schweiz. Gesellsch.*, n° 11, p. 83, et n° 12, p. 91, in-4 sur 2 colonnes. Berne, 1820.

(2) La plupart des auteurs ont écrit *circinnata* au lieu de *circinata.*

(3) *Helix nitida*, Müller, 1774. *Verm. terr. fluv. Hist.*, II, p. 32.

(4) *Helix fulvus*, Müller, 1774. *Loc. cit.*, p. 56.

(5) *Helix glabella*, Hartmann, *non* Draparnaud, 1801. *Tabl. Moll.*, p. 87. — 1805. *Hist. Moll.*, p. 102, pl. VII, fig. 6.

et malgré cette regrettable confusion, c'est donc bien avec une intention formelle que Studer a établi au moins deux espèces distinctes, les *Helix montana* et *H. cœlata*, en admettant, à titre de variété, l'*Helix circinata*.

Combien il est à regretter que ces dénominations ne soient pas accompagnées de descriptions suffisantes ! A peine quelques mots qui peuvent s'appliquer aussi bien à ces espèces qu'à bon nombre d'autres ; rien sur l'allure si caractéristique de l'ombilic, rien sur le galbe général, rien sur la taille ; ce sont en quelque sorte de simples étiquettes ; aussi c'est presque uniquement par tradition que ces formes se sont transmises jusqu'à nous, avec leurs dénominations nouvelles. Malheureusement il est arrivé que trop souvent la tradition s'est égarée le long de sa route, et que les choses ainsi dénaturées ont engendré la plus effroyable confusion qui ait existé de mémoire de malacologiste ! Mais avant d'essayer de nous reconnaître à travers ce singulier dédale, achevons l'historique des différentes espèces signalées dans ce groupe.

En 1813, Gottfried Gärtner (1), et après lui Jean-G. Klees (2), introduisirent dans la nomenclature le nom d'*Helix Altenana*, qui fut tour à tour considéré soit comme une forme de l'*Helix strigella* de Draparnaud (3), soit comme une espèce appartenant au groupe de l'*Helix montana*.

Avec J.-D. Wilhem, Hartmann von Hartmannsruthi apparaît en 1821 (4), et plus tard, en 1844 (5), un nom nouveau, celui d'*Helix* ou *Trichia clandestina*, dont la paternité remonterait au baron Ignace von Born, quoique cet auteur ne fasse pas mention d'un pareil nom dans ses écrits.

Enfin, en 1828, Carl Pfeiffer décrivit et figura avec le plus grand soin une forme nouvelle des plus typiques et des mieux caractérisées, l'*Helix striolata* (6), et l'ancien *Helix montana* (7) de Samuel Studer.

Jusqu'ici, nous n'avons parlé que des auteurs anglais, suisses ou

(1) G. Gärtner, 1813. *Versuch einer systematischen Beschreibung der im Wetterau bisher entdeckten Konchylien.* Hanau, pet. in-4, p. 27. — *In Ann. Wetter.*, III, 1813, p. 281.

(2) J.-G. Klees, 1818. *Dissertatio inauguralis sistens charactericen et descriptiones Testaceorum circa Tubingam indigenorum.* Tubingæ, in-12, p. 25.

(3) *Helix strigella*, Draparnaud, 1801. *Tabl. Moll.*, p. 81. — 1805. *Hist. Moll.*, p. 84, pl. VII, fig. 1-2.

(4) J.-D.-W. Hartmann, 1821. *System der Erd- und Flussmollusken der Schweiz und in benachbarten Ländern, etc.,* in Steinmüller, *Neue Alpina.* Winterthur, Band I, in-8, p. 256.

(5) J.-D.-W. Hartmann, 1840-44. *Erd- und Süsswasser-Gasteropoden der Schweiz,* p. 125, pl. XXXVIII.

(6) Carl Pfeiffer, 1828. *Naturgeschichte deutscher Land- und Süsswasser-Mollusken,* III, p. 28, pl. VI, fig. 8.

(7) Carl Pfeiffer, 1838. *Loc. cit.*, p. 33, pl. VI, fig. 9.

allemands, et pourtant les différentes formes dont nous venons d'indiquer les noms se trouvent également en France. Ni Geoffroy, ni Brard, ni Draparnaud ou même son digne continuateur Michaud, ne font allusion dans leurs traités à l'une ou à l'autre de ces formes. La raison en est qu'elles sont d'une part relativement peu répandues en France, et que d'autre part elles paraissent localisées dans des milieux où ces savants auteurs n'ont pas étendu le champ de leurs investigations. Bouchard-Chantereaux (1) est, croyons-nous, le premier naturaliste français qui ait fait mention de l'*Helix rufescens* sur notre continent, en 1838. Beaucoup plus tard, M. Drouët, l'abbé Dupuy et Moquin-Tandon parlent presque à la même époque de ces espèces dans leurs traités.

M. Drouët avoue (2) que, « dans l'impossibilité presque absolue où il a été de se créer une opinion bien arrêtée au sujet des véritables rapports qui lient les *H. rufescens*, *glabella* et *montana*, il a préféré leur laisser, à chacune séparément, le rang provisoire d'espèce distincte ». Plus tard, il distingue nettement les *Helix montana* et *H. cœlata* (3).

L'abbé Dupuy (4) et Moquin-Tandon (5), dans leur synonymie fort complexe, semblent s'en tenir aux idées de Ludovic Pfeiffer et réunissent, sous le vocable général d'*Helix rufescens*, toutes les autres formes. Pourtant, dans son atlas, l'abbé Dupuy représente deux types différents, dont l'un au moins, parfaitement caractérisé, se rapporte incontestablement à l'*Helix striolata* de C. Pfeiffer (6). Quant à Moquin-Tandon, il admet pour l'*Helix rufescens* et au même titre, deux variétés basées sur la coloration, déjà citées par Bouchard-Chantereaux, et trois autres variétés répondant aux *Helix cœlata*, *H. montana* et *H. circinata* de Studer.

Plusieurs auteurs ont tour à tour cité, dans leurs catalogues, et à titre d'espèces, quelques-unes des formes que nous venons de rappeler. C'est ainsi que MM. Fr. Dumont et G. de Mortillet (7) citent les *Helix montana*

(1) Bouchard-Chantereaux, 1838. *Catalogue des Mollusques observés jusqu'à ce jour à l'état vivant sur les côtes du Boulonnais.* Boulogne, in-8, p. 46.

(2) H. Drouët, 1855. *Énumération des Mollusques terrestres et fluviatiles vivants de la France continentale.* Liège, in-8, p. 19 et 45.

(3) H. Drouët, 1868. *Mollusques terrestres et fluviatiles de la Côte-d'Or, in Mém. de l'Acad. de Dijon*, années 1866-67, 1 vol. in-8. Dijon, p. 81 et 82. — Tirage à part, 1 br. in-8, p. 59 et 60.

(4) L'abbé D. Dupuy, 1847. *Histoire naturelle des Mollusques terrestres et d'eau douce qui vivent en France.* Auch, in-8, p. 194, pl. VIII, fig. 11.

(5) A. Moquin-Tandon, 1855. *Histoire naturelle des Mollusques terrestres et fluviatiles de France.* Paris, 3 vol. in-8, t. II, p. 206, pl. XVI, fig. 18 à 19.

(6) Dupuy. *Loc. cit.*, pl. VIII, fig. 11, *a, b, c.*

(7) Fr. Dumont et G. Mortillet, 1857. *Catalogue critique et malacostatique des Mollusques de Savoie et du bassin du Léman*, Genève. 1 br. in-8 (inachevé), p. 45 et 48

et *H. cœlata* de Studer dans la Savoie. M. J.-R. Bourguignat, le premier, distingue spécifiquement les *H. circinata, H. cœlata, H. montana* de l'*Helix rufescens* (1), et fait observer très judicieusement, à propos de l'*Helix circinata* (2) que c'est à tort que cette espèce à été confondue tantôt avec l'*Helix glabella* de Draparnaud (3), tantôt avec l'*Helix rufes-cens* de Pennant (4).

Dans notre *Étude sur les variations malacologiques* (5), publiée en 1880, et avec les données encore restreintes que nous possédions alors, nous avons inscrit, dans le catalogue du bassin du Rhône, les *Helix montana, H. submontana, H. circinata, H. glypta* et *H. clandestina.* Enfin, dans notre *Prodrome de malacologie française* de 1882 (6), sur les indications de M. Bourguignat, nous avons signalé, dans le même groupe, les *Helix Altenana, H. striolata, H. montana, H. clandestina, H. circi-nata* et *H. Isarica*, et dans un autre groupe, l'*Helix submontana*, créé par M. J. Mabille.

A l'étranger, toutes ces espèces sont confondues et semblent n'en faire qu'une aux yeux des naturalistes. Les Anglais Gray (7), Reeve (8), Forbes et Hanley (9), Jeffreys (10), Sowerby (11), etc., gardent le type de leur compatriote Pennant et font rentrer en synonymie toutes les formes alle-mandes ou suisses. Les Allemands L. Pfeiffer (12), Kreglinger (13), Ko-

---

(1) J.-R. Bourguignat, 1862. *Malacologie du lac des Quatre-Cantons*, 1 vol. in-8. Paris, p. 25 et 26.

(2) J.-R. Bourguignat, 1864. *Malacologie de la Grande-Chartreuse*, 1 vol. in-8. Paris, p. 54.

(3) *Helix glabella*, Draparnaud, 1801. *Tabl. Moll.*, p. 87. — 1805. *Hist. Moll.*, p. 102 pl. VII, fig. 6 *(non pars auct.).*

(4) *Helix rufescens*, Pennant, 1777. *Brit. zool.*, IV, p. 134, pl. LXXXV, fig. 127 *(n. pars auct.).*

(5) A. Locard, 1880. *Études sur les variations malacologiques d'après la faune vivante et fossile de la partie centrale du bassin du Rhône*, 2 vol. gr. in-8. Lyon, t. I, p. 91 à 97.

(6) A. Locard, 1882. *Catalogue général des Mollusques vivants de France, Mollusques terrestres des eaux douces et des eaux saumâtres*, 1 vol. gr. in-8. Lyon, p. 79 à 81 et 319.

(7) J.-E. Gray, 1857. *Manual of the land and freshwater shells of the British Island*, by William Turton, 1 vol. in-12, London, p. 132, fig. 38; pl. III, fig. 28.

(8) Lovell Reeve, 1863. *The land and frehswater Mollusks, indigenous to or naturalized in the British Isles*, 1 vol. in-8, London, p. 7, 5, fig.

(9) Edward Forbes and Sylvanus Hanley, 1863. *A history of British Mollusca and their shells*, 4 vol. in 8. London, t. IV, p. 66, pl. CXVIII, fig. 4, 7.

(10) John Gwyn Jeffreys, 1862. *British Conchology*, 4 vol. in-12. London, t. I, p. 194, pl. XII, fig. 1.

(11) G.-B. Sowerby, 1859. *Illustrated index of British shells*, 1 vol. petit in-4, London, pl. XXIII, fig. 6.

(12) Ludovic Pfeiffer, 1846. *In Martini et Chemnitz. Systematisches Conchylien Cabinet*, genre *Helix*, p. 118, pl. XVI, fig. 11, 12, 15, 16. — 1848. *Monographia Helicorum viventium*, vol. in-8. Lipsiæ, t. I, p. 141. — Edit. S. Clessin, 1881, 1 vol. in-8, Casselis, p. 124.

(13) Carl Kreglinger, 1870. *Systematisches Verzeichniss der in Deutschland lebenden Binnen-Mollusken*, 1 vol. gr. in-8, p. 80.

belt (1), etc., sabrent, suivant leur habitude, toutes les espèces pour n'en
admettre qu'une seule. Pfeiffer, dans les suites de Martini et Chemnitz, confond toutes ces différentes formes et donne des figurations tellement fantaisistes qu'il est bien difficile d'y reconnaître n'importe quelle coquille.
Quant aux Suisses, leur malacologie, hélas! est encore à faire. Depuis le
beau travail de Jean de Charpentier (2), qui cite les *Helix cœlata* et *H.
montana* de Studer avec ses deux variétés, *H. circinata* et *minor*, il
n'a été publié que quelques monographies locales (3), très sobres en études
critiques et où nous n'avons trouvé aucune indication susceptible d'être
prise en utile considération.

Pour terminer cette révision historique, nous devons citer les écrits de
M. S. Clessin, qui ont jeté un peu de lumière sur la question. En 1874,
cet auteur publia un très intéressant mémoire (4), dans lequel il établit
cinq espèces distinctes : 1° l'*Helix rufescens* de Pennant, à qui il donna
pour synonyme l'*Helix striolata* de C. Pfeiffer; 2° l'*Helix clandestina* de
Hartmann; 3° l'*Helix Danubialis*, espèce nouvelle représentant l'*Helix
clandestina* de Born, différent de celui de Hartmann; 4° l'*Helix montana*
de Studer, décrit et figuré sous ce nom par C. Pfeiffer, et sous celui de
H. circinata (pars) par Rossmässler; 5° enfin, avec un point de doute,
l'*Helix cœlata* de Studer. Ces différentes formes sont figurées dans une
planche par dessins aux traits un peu sommaires.

Malheureusement, deux années plus tard, M. S. Clessin revient sur
cette première manière de voir (5) et n'admet plus que deux seules espèces, le *Fruticicola cœlata* de Studer et le *F. rufescens* de Pennant.
Cette dernière espèce comprend cinq variétés : *var. clandestina*, Hartmann; *Danubialis*, Clessin; *montana*, Studer; *subcarinata*, Clessin; et
Putonii, Clessin. Dans cette nouvelle classification, l'*Helix striolata* de

(1) Wilh. Kobelt, 1871. *Catalog der im europäischen Faunengebiet lebenden Binnencon-
chylien*, 1 vol. in-12. Cassel, p. 10.— 1881. *Catalog der im europäischen Faunengebiet lebenden Binnen-Conchylien*, 1 vol. in-8, Kassel, p. 21. — *Fauna der Nassauischen Mollusken*,
1 vol. in-8, p. 113, pl. I, fig. 31.

(2) Jean de Charpentier, 1835. *Catalogue des Mollusques terrestres et fluviatiles de la
Suisse*, 1 br. in-4, Neuchâtel, p. 11, pl. I, fig. 13 à 14.

(3) Dans un récent catalogue publié en 1884 par M. le Dᵉ Théophile Studer, petit-fils de
Samuel Studer, sous le titre : *Die Mollusken der nächsten Umgebung von Bern* (tirage à part
des *Mittheilungen der naturforschenden Gesellschaft in Bern)*, l'auteur se borne à citer
les *Helix cœlata*, et *H. rufescens*, *var. clandestina*.

(4) S. Clessin, 1874. *Die Gruppe Fruticicola, Held, des Genus Helix L.*, in *Jahrbücher
deutsch. malakozoolog. Gesellsch.*, I, p. 178, pl. VIII (tirage à part, 1 br. in-8, 18 p., I pl.)

(5) S. Clessin, 1876. *Deutsche Excursions-Mollusken-Fauna*, 1 vol. in-12, Nürnberg, p. 115.
— 1884, 2° édit., p. 154. — 1887. *Die Mollusken-Fauna Oesterreich-Ungarns und der
Schweiz*, 1 vol. in-12. Nürnberg, p. 129.

C. Pfeiffer est synonyme de l'*Helix rufescens* type ; les *var. Danubialis* et *subcarinata* ne font pas partie de notre faune ; il ne nous reste donc que les *var. montana* et *Putonii* dont nous parlerons plus loin.

Les différentes formes qui constituent ce groupe n'ont pas toujours été maintenues dans le genre *Helix*. C'est ainsi, par exemple, que Beck, en 1837, fait rentrer dans son genre *Bradybœna* les *Helix rufescens, cœlata* et *circinata* (1). A la même époque, Held (2) classe dans ses *Fruticicola* les *Helix cœlata* et *circinata*, dénomination générique qu'admettra plus tard M. S. Clessin (3), pour toutes les espèces de ce groupe. Hartmann, en 1844, parle des *Trichia circinata clandestina* (4). Leach admet dans son genre *Theba* (5) l'*Helix rufescens*. Enfin M. le Dr Jousseaume fait rentrer cette dernière espèce dans le genre *Hygromia* (6). La plupart de ces coupes étant un peu arbitraires et ne paraissant pas encore suffisamment admises, nous n'avons pas cru devoir en faire usage, et nous avons maintenu toutes nos espèces dans le vieux genre *Helix* (7). Mais comme il est aujourd'hui bien difficile de savoir exactement quelles sont les formes que Beck, Held ou Leach avaient voulu désigner, nous avons été souvent fort embarrassé lorsqu'il s'est agit d'établir des synonymies complètes ; nous nous sommes donc borné à indiquer uniquement les désignations pour lesquelles nous avions quelque certitude.

En présence d'une si grande divergence dans la manière de voir des naturalistes, il importait de rechercher l'expression aussi exacte que possible de la vérité, et de voir notamment si dans ce mode de groupement spécifique, aujourd'hui adopté par la plupart des auteurs, il n'y avait pas quelque étrange abus d'une simplification intempestive. Telle est l'idée qui a présidé à nos recherches. La tâche était sans doute ingrate et difficile. Reprendre tous les textes anciens, chacun dans leur langue, pour

(1) *Bradybaena*, Beck, 1837. *Index Molluscorum præsentis ævi, Musæi principis augustissimi Christiani Frederici*, in-4. Hafnia : — *Bradybæna cœlata*, p. 20 ; *Br. rufescens*, p. 21 ; *Br. circinata*, p. 20.

(2) *Fruticicola*, Held, 1837 : *Aufzahlung der in Bayern lebenden Mollusken, in Isis von Oken*, in-8 : — *Fruticicola circinata*, p. 914 ; *F. cœlata*, p. 914.

(3) S. Clessin, 1876. *Deutsche Excursions-Mollusken-Fauna*, p. 104. — 1884. 2e édit., p. 138 : — *Fruticicola cœlata*, p. 154 ; *F. rufescens*, p. 153.

(4) *Trichia*, Hartmann, 1844. *Syst. Gaster. Schweiz :* — *Trichia circinnata, clandestina*, p. 125.

(5) *Theba*, Leach, *Mss., in* Risso, 1826. *Hist. nat. Eur. méridionale*, IV, p. 73. — Beck 1837. *Index Moll.*, p. 10. — *Theba rufescens*, Leach, 1852. *Moll. syn.*, p. 70.

(6) *Hygronomia*, Risso, 1826. *Hist. nat. eur. mérid.*, IV, p. 66. — Jousseaume, 1877. *In Bull. soc. zool. France*, p. 22 : — *Hygromya rufescens*, 1878, p. 152.

(7) *Helix*, Linné, 1758. *Systema naturæ*, édit. X, p. 768 et 767.

les confronter et les comparer; rapprocher les différentes figurations
données çà et là dans les iconographies ; rechercher avec le plus grand
soin les formes originales qui avaient pu servir de prototype aux auteurs,
telle était évidemment la seule marche à suivre.

Il y a déjà quelques années, le regretté professeur, M. Mousson, de
Zurich, nous avait procuré de bons types de la Suisse et de l'Allemagne ;
M. le professeur Th. Studer, de Berne, sur la demande qui lui en fut faite
par M. de Loriol, de Genève, a bien voulu mettre à notre disposition les
échantillons originaux provenant de la collection de Samuel Studer, son
grand-père. M. S. Clessin, d'Ochsenfurth, nous a gracieusement envoyé les
échantillons qui lui ont servi pour écrire son mémoire sur la même question.
M. Ponsonby, de Londres, nous a adressé quelques bons types de l'Angleterre, pour compléter ceux que nous tenions déjà de Gwyn Jeffreys. M. le
D\r Servain, d'Angers, nous a communiqué le fruit de ses récoltes en
Suisse et dans le Jura. Enfin notre savant ami, M. Bourguignat, avec
son inépuisable complaisance, a bien voulu nous confier la totalité des
échantillons appartenant à ce groupe et qu'il possédait dans sa richissime
collection ; nous y avons retrouvé plusieurs types originaux de provenance des plus authentiques.

L'ensemble de ces échantillons, joints à ceux que nous possédions déjà
dans notre collection personnelle ou dans celles de quelques-uns de nos
amis de la région, a formé une somme considérable, puisqu'elle repré -
sente plus de huit cent cinquante sujets, mais que nous considérons
comme absolument indispensable lorsque l'on veut étudier avec fruit un
groupe aussi polymorphe. Qu'il nous soit permis d'adresser à tous ces
bienveillants et généreux collaborateurs nos remerciements les plus sin -
cères pour l'utile et précieux concours qu'ils ont bien voulu nous offrir.

Un mot encore avant de terminer. Nous allons, comme on va le voir,
détacher de l'*Helix rufescens* plusieurs formes qui en avaient été indû-
ment rapprochées. Déjà, comme nous l'avons dit, M. S. Clessin avait proposé une sorte de réhabilitation pour plusieurs de ces coquilles ; mais il
s'est borné à les envisager, pour la plupart, comme de simples variétés.
Que notre savant collègue d'Ochsenfurth nous pardonne de ne pas être
complètement d'accord avec lui sur ce sujet. Pour nous, les *Helix rufescens*, *H. striolata*, *H. montana*, *H. cœlata*, *H. clandestina*, etc., constituent non pas seulement des variétés d'une forme donnée, mais bien de
bonnes et belles espèces absolument distinctes entre elles.

Si l'on veut être logique, si l'on veut apporter à l'étude de la malacologie un peu de cette homogénéité spécifique qui si souvent lui fait défaut,
il faut forcément admettre qu'il existe entre chacune de ces espèces,
telles que nous allons les rétablir, au moins autant de différence qu'entre
les *Helix hispida, H. plebeia, H. liberta, H. concinna, H. sericea, etc.*, que
personne pourtant n'a encore osé rattacher à un seul et même type.
Entre ces dernières formes, comme entre les premières, il existe des caractères différentiels dans le galbe, l'enroulement de la spire, la forme et
la grandeur de l'ombilic, le profil du dernier tour, l'allure de l'ouverture,
tout aussi nettement accusée. Pourquoi dès lors vouloir accorder aux
unes ce que l'on croit devoir refuser aux autres ?

Lyon, août 1888.

HELIX STRIOLATA, Carl Pfeiffer.

Helix rufescens (pars, non Pennant), Montagu, 1803. *Test. Brit.*, I, p. 144. — Dupuy, 1847.
    Hist. nat. moll., p. 194, pl. VIII, fig. 11, *a, b, c.* — Forbes et Hanley, 1853. *Brit.*
    moll., IV, pl. CXVIII, fig. 7 et 10. — Sowerby, 1859. *Ill. ind.*, pl. XXIII, fig. 6.
   —   *striolata*, C. Pfeiffer, 1828. *Naturg. Deutsch. Land- und Süsswass.-Moll.*, III,
    p. 28, pl. VI, fig. 8. — A. Locard, 1882. *Prodr. malac. franç. (pars)*, p. 80.
   —   *circinata, var. b*, Rossmässler, 1835. *Iconogr.*, I, p. 63, pl. I, fig. 12, *a.* — 1838.
    Loc. cit., VII, p. 1; pl. XXXI, fig. 423.
   —   *rufescens, var. major*, L. Pfeiffer, 1848. *Mon. Helic. viv.*, I, p. 142.
   —   *rufescens*, 1881. L. Pfeiffer, *Elit.* S. Clessin, p. 124. — 1838, Bouchard-Chante-
    reaux. *Catal. moll. terr. et fluv. Pas-de-Calais*, p. 46.
   —   *rufescens, var. montana*, Kobelt, 1882. *Catal. Binnen-Conch.*, p. 241.
Fruticicola rufescens, S. Clessin, 1876. *Deutsch. Excurs.-Moll.-Fauna*, p. 117, fig. 64. —
    1884. 2ᵉ édit., p. 115, fig. 85.
Hygromia rufescens, Jousseaume, 1878. *In Bull. Soc. zool. France*, p. 152, pl. II,
    fig. 25, 26.

HISTORIQUE. — Sous le nom d'*Helix rufescens*, les auteurs anglais, comme nous le discuterons en étudiant cette espèce, ont confondu deux formes bien distinctes, l'une plus ou moins conique, appelée *Helix rufescens,* pour la première fois, par Pennant, en 1777 ; l'autre, beaucoup plus comprimée, désignée en 1828, par Carl Pfeiffer, sous le nom d'*Helix striolata.*

En créant son espèce, Carl Pfeiffer ne fit aucune allusion aux formes d'Angleterre ; il eut uniquement en vue un type provenant des jardins en plaine, aux environs d'Heidelberg, dans le grand-duché de Bade, et ainsi caractérisé : « *Testa orbiculato-depressa, umbilicata, corneo-fusca, striata; ovato-semilunari; labro simplici.* » Pour toute synonymie, et encore avec un point de doute, il indique l'*Helix corrugata* et *H. glandestina (sic)*, Hartmann (1). Dans sa description, l'auteur revient sur cette forme aplatie « *niedergedrückt* », et dont la spire est composée de cinq tours et demi, peu élevés, à croissance lente. La figure qui accompagne

____

(1) Hartmann, 1821. *In Neue Alpina*, p. 236.

le texte répond très bien à la description. *L'Helix striolata* est donc, comme on le voit, une forme essentiellement déprimée.

Nous avons reçu, il y a quelques années, du Dr Mousson, et nous avons observé, soit dans la collection de M. Bourguignat, soit dans celle de Jean de Charpentier au musée de Lausanne, en Suisse, des échantillons provenant tous d'Heidelberg, et qui répondent absolument à la diagnose et à la figuration de Carl Pfeiffer. Remarquons en passant que, cinq pages plus loin, le même auteur décrit, sous le nom d'*Helix montana* Studer, une autre forme qui vit également aux environs d'Heidelberg, mais qui est absolument différente. Il faut donc en conclure que Carl Pfeiffer a parfaitement su distinguer et spécifier deux formes de même provenance, appartenant à ce même groupe.

Rossmässler, à deux reprises différentes, s'est occupé de l'*Helix striolata* de C. Pfeiffer. En 1835, il le décrit sous le nom d'*Helix circinnata* Studer, et figure à cette occasion deux formes distinctes, l'une assez grande et déprimée, l'autre plus petite et plus globuleuse. La plus grande (fig. 6) est pour lui l'*Helix montana* de Studer, à laquelle il rapporte l'*Helix striolata* de C. Pfeiffer. Un peu plus tard, en 1838, il affirme que l'*Helix plebeia* de Draparnaud (1) n'est autre chose que l'*Helix circinata*, et sous ce même nom d'*Helix circinata, var. b*, il donne deux nouvelles figurations, peu différentes mais plus soignées que les premières. Dans cette dernière représentation, la *var. b*, qui par conséquent répond à l'*Helix striolata* de C. Pfeiffer, paraît encore relativement plus déprimée dans son ensemble, et avec un ombilic un peu plus grand que dans les premiers dessins de 1835. Nous sommes véritablement surpris de voir ainsi en défaut Rossmässler, dont le coup d'œil est pourtant d'ordinaire si exact.

Ludovic Pfeiffer (2), en 1848, réunit, comme nous l'avons vu, toutes les formes connues et plus ou moins affines de ce groupe, à l'*Helix rufescens*, de Pennant. Toutefois, il admet pour ce type deux variétés : l'une, β, *minor*, qui serait l'*Helix cœlata* de Studer, l'autre, γ, *major, depressior, saturatius rufa, latius umbilicata* (diam. maj. 14 ; min., 12 1/2 ; alt., 7 mill. Spec. Heidelberg). C'est à cette dernière variété qu'il rattache les

(1) *Helix plebeium*, Draparnaud, 1805. *Hist. Moll.*, p. 105, pl. VII, fig. 5. — Dans sa description, Draparnaud dit : « Le dernier tour est un peu caréné et marqué d'une bande blanchâtre. » Cette indication, très exacte du reste, a induit en erreur beaucoup de naturalistes qui en ont conclu que l'*Helix circinata*, comme son nom l'indique, devait avoir une bande blanchâtre et devait se confondre avec l'*Helix plebeium*.

(2) L. Pfeiffer, 1848. *Monogr. helic. viventium*, I, p. 141.

Helix montana de Studer et *H. striolata* de C. Pfeiffer, malgré toute leur incontestable dissemblance. Cette déplorable erreur a été également suivie par Kreglenger (1) et par le Dr Kobelt (2), qui fait de l'*Helix striolata* une *var. montana* de l'*Helix rufescens*. Enfin, dans l'édition du *Nomenclator* de 1881, publié par les soins de M. S. Clessin, l'*Helix striolata* n'est plus qu'un simple synonyme de l'*Helix rufescens*.

A en juger d'après la figuration, puisque le texte ne comporte aucune description, nous aurions à rattacher à notre synonymie l'*Helix montana* ou *H. circinata* de Studer et Ferussac, indiqué par Jean de Charpentier, dans son *Catalogue des Mollusques de la Suisse*. La figure 15 serait le véritable *Helix montana* de Studer, tandis que la figure 16 répond assez bien à l'*Helix striolata* de C. Pfeiffer. Cependant dans la collection de Jean de Charpentier, conservée au musée de Lausanne en Suisse, nous n'avons vu de véritable *Helix cœlata* que les échantillons provenant d'Heidelberg et inscrits sous le nom d'*Helix rufescens*. Le véritable *Helix striolata* ne nous paraît pas habiter la Suisse où il est remplacé par d'autres formes voisines mais certainement différentes.

M. S. Clessin, dans les deux éditions de ses *Deutsche Excursions-Molusken-Fauna*, a donné, pour l'*Helix cœlata* de Studer, des figurations qui nous semblent avoir beaucoup plus d'analogie avec l'*Helix striolata* de Carl Pfeiffer qu'avec n'importe quelle autre espèce de ce groupe. Comme nous le démontrerons plus loin, le véritable *Helix cœlata* n'a pas un grand ombilic, et s'il est très déprimé en dessus, il a une ligne carénale très supérieure et beaucoup moins prononcée. Enfin la taille même de la coquille figurée est presque celle de l'*Helix striolata*, et non celle de l'*Helix cœlata*.

En France, Bouchard-Chantereaux est le premier auteur qui ait donné une bonne description de l'animal et de la coquille de l'*Helix striolata*, inscrit dans son catalogue sous le nom d'*Helix rufescens*. L'*Helix striolata*, comme nous avons pu nous en assurer, est une forme assez commune dans le Boulonnais. Malheureusement la synonymie qu'il donne est inexacte. C'est à tort, par exemple, qu'il cite l'*Helix Altenana* de Kickx (3), espèce bien différente, que les auteurs sont d'accord pour rapporter à l'*Helix strigella* (4).

---

(1) Carl Kreglinger, 1870. *Systematisches Verzeichniss der in Deutschland lebenden Binnen-Mollusken*, p. 80.

(2) Kobelt, 1881. *Catal. Binnen-Conch.*, p. 241.

(3) *Helix Altenana*, Kickx, 1830. *Synopsis mollusc. Brabantiæ*, p. 23, pl. 1, fig. 4 et 5.

(4) *Helix strigella*, Draparnaud, 1801. *Tabl. moll.*, p. 81. — 1805. *Hist. Moll.*, p. 84, pl. VII, fig. 1-2.

L'abbé Dupuy (1), sous le nom d'*Helix rufescens*, a réuni, comme Ludovic Pfeiffer, un grand nombre d'espèces dans sa synonymie, puisqu'elle ne renferme pas moins de treize dénominations spécifiques différentes. Pourtant il a eu certainement connaissance du véritable *Helix striolata*, puisque dans son atlas, il en donne une très bonne et très exacte figuration.

Enfin c'est à cette même espèce que nous rapporterons l'*Hygromia rufescens* de M. le Dr Jousseaume, très bien décrit dans sa faune malacologique des environs de Paris, et trouvé, quoique assez rarement, aux environs de la capitale.

DESCRIPTION (2). — Coquille de taille moyenne, d'un galbe général très déprimé, un peu plus développée en dessous qu'en dessus, légèrement convexe en dessus, assez bombée en dessous. — Test un peu mince, solide, semi-transparent, d'un corné pâle, un peu clair, passant parfois au roux peu foncé, parfois inégalement et irrégulièrement coloré, comme vaguement flammulé, devenant d'un blanc corné opaque, après la mort de l'animal, d'un aspect un peu terne, ordinairement un peu luisant en dessous ; stries longitudinales très fines, très serrées, assez régulières, un peu fluxueuses, presque aussi fortes en dessous qu'en dessus, s'atténuant seulement à la naissance de l'ombilic ; dans le jeune âge quelques poils courts, très caducs. — Spire peu haute, faiblement acuminée vers le sommet, composée de six tours à croissance lente et régulière, devenant notablement plus rapide sur tout le dernier tour qui s'élargit un peu irrégulièrement tout à fait à son extrémité ; profil des tours assez convexe ; dernier tour peu haut, arrondi en dessus, assez renflé en dessous, orné d'une ligne carénale bien visible depuis sa naissance jusqu'à l'extrémité, ordinairement plus pâle que le fond de la coquille, et toujours très supérieure. — Insertion du bord supérieur de l'ouverture droite ou à peine tombante tout à fait à son extrémité, presque toujours suivant la ligne carénale ou un peu inférieure à elle sur une très petite longueur. — Sommet peu saillant, lisse, brillant, de même teinte que le reste de la coquille. —

---

(1) Dupuy, 1848. *Histoire naturelle des Mollusques qui vivent en France*, p. 194, pl. VIII fig. 11, *a, b, c.*

(2) Dans le cours de notre travail on pourra remarquer que nos descriptions ne sont pas absolument conformes, à la lettre même, à celles qui ont été déjà données par les auteurs créateurs des espèces. Cela tient à ce que voulant rendre nos descriptions comparatives, nous avons dû, tout en ayant de bons types, et quelquefois même les types des auteurs sous les yeux, établir une sorte d'équilibre entre les termes et les expressions employés, pour que leur valeur soit, avant tout, à la fois relative et comparative.

Suture assez profonde, bien accusée. — Ombilic assez grand, bien visible jusqu'au sommet, légèrement évasé à sa naissance, laissant voir facilement l'avant-dernier tour sur toute sa longueur et sur une largeur sensiblement égale, à l'origine, à un peu moins du quart du diamètre total ; les autres tours plus difficilement visibles. — Ouverture assez oblique, un peu ovalaire, sensiblement plus large que haute, à peine arrondie dans le haut ; presque exactement circulaire vers le bord extérieur, légèrement déprimée dans le bas, portant à l'intérieur et sur toute sa périphérie un mince bourrelet blanchâtre, à peine plus fort en bas qu'en haut, non visible extérieurement. — Péristome discontinu, mince, droit, à bords assez éloignés, mais convergents ; bord supérieur presque droit et très court ; bord columellaire court et légèrement réfléchi sur l'ombilic. — Épiphragme très mince, membraneux, opaque, d'un blanc clair, mat.

Dimensions. — Hauteur totale, 6 1/2 à 7 millimètres ; diamètre maximum 11 à 14 millimètres.

Observations. — S'il fallait s'en tenir à l'interprétation stricte des dénominations spécifiques, nous serions obligé de reconnaître que le nom de *striolata* conviendrait infiniment mieux à l'*Helix cœlata* qu'à l'espèce que nous venons de décrire. En effet, chez l'*Helix* de Studer ces stries sont fortement burinées, irrégulières, bien accusées, tandis qu'au contraire sur le type de Carl Pfeiffer nous ne trouvons que des stries très fines, très régulières, visibles seulement à la loupe. Chez l'*Helix cœlata*, les stries, suivant les milieux, s'accentuent encore davantage, ou diminuent de saillie ; chez l'*Helix striolata* de France, d'Angleterre ou d'Allemagne, elles semblent avoir toujours la même importance, la même régularité d'allure, la même profondeur. C'est là un des caractères marquants de cette espèce.

La ligne carénale est également bien accusée, quelles que soient les variations que l'on puisse observer dans le galbe, comme notamment une légère surélévation de la spire. Chez les individus faiblement colorés, elle se distingue à peine du reste du test ; chez les formes dont la teinte passe au roux, elle est alors accusée par un étroit cordon blanchâtre qui la fait encore mieux ressortir.

On observe également, comme chez la plupart des espèces de ce groupe, quelques variations dans la forme de l'ouverture dont le profil est nécessairement intimement lié à l'allure du dernier tour ; lorsque la coquille a une tendance à avoir sa spire un peu élevée, le dernier tour est ordinairement moins comprimé, et partant, l'ouverture est moins ova-laire ; mais dans le type, tel que nous le voyons décrit, soit par Carl Pfeiffer, soit par Bouchard-Chantereaux, l'ouverture est régulièrement ovalaire.

D'après ce que nous venons de voir, nous instituerons donc pour l'*Helix striolata* les *var. elata, depressa, albida, fulva* et *flammea* qui toutes se définissent suffisamment.

HABITAT. — L'*Helix striolata* vit généralement en plaine et à de faibles altitudes, dans le nord et l'est de la France ; Bouchard-Chantereaux l'in-dique : dans les champs, sur le gazon, sur les buissons, sous les pierres ; dans les jardins, sous les fraisiers ; dans les chantiers, sous les pièces de bois gisant sur le sol. Nous l'avons observé en dehors de la France : à Heidelberg, dans le duché de Bade ; à Tubingen, dans le Wurtemberg ; aux environs de Dillenburg et d'Elberbach sur le Neckar ; aux environs de Bristol, de Folkeston, et dans le Somersetshire, en Angleterre (1). En France nous l'avons reçu : de Valenciennes (2) et de Lille, dans le Nord (3) ; de Boulogne -sur-Mer, dans le Pas-de-Calais ; des environs de Paris ; des environs de Belfort (4) ; de Bar-sur-Seine, dans l'Aube ; de la Perte du Rhône à Bellegarde, et du Colombier, dans l'Ain ; de Salins, dans le Jura ; etc. (5).

---

(1) L'*Helix striolata* doit très probablement se trouver en Belgique. C'est sans doute cette espèce qui a été désignée sous le nom d'*Helix rufescens*, par Malzine (*Essai Belg.*, p. 73) e par Colbeau, 1859 (*Matériaux pour la faune malacologique de la Belgique*, p. 8, n° 39).

(2) Probablement désignée par Hecart (*Catalogue des coquilles terrestres et fluviatiles des environs de Valenciennes*, p. 117), sous le nom de *Helix plebeium*, Drap.

(3) C'est l'*Helix rufescens*, Pennant, cité par le com. Morlet dans son *Catalogue des Mollusques terrestres et fluviatiles des environs de Neuf-Brisach, Colmar et Belfort*, p. 8.

(4) Il est également signalé par M. de Norguet (*Catalogue des Mollusques terrestres et fluviatiles du département du Nord*, 1873, p. 14) sous le nom d'*Helix rufescens* avec l'in-dication suivante : « Rare, sur les buissons et les plantes, indiqué Nord (Dupont), fortifications de Calais, jardins de Dunkerque (Normand) ».

(5) Nous devons classer à la suite de l'*Helix striolata* une grande et belle coquille d'Angle-terre que nous ne connaissons pas encore dans la faune française et qui figure dans la collec-tion de M. Bourguignat sous le nom d'*Helix Manchesteriensis*, Brgt. ; nous en donnerons ici une description sommaire :

Coquille de taille assez forte, d'un galbe subdéprimé, à spire peu haute, un peu plus déve-oppée en dessus qu'en dessous ; test d'un corné clair, flammulé vaguement de teintes plus roussâtres, orné de stries fines, rapprochées, assez régulières ; six tours légèrement convexes, à croissance régulière, devenant plus rapide sur la dernière moitié du dernier tour, séparés par une suture peu profonde ; dernier tour faiblement caréné sur la moitié de sa longueur, à partir de sa naissance, avec la carène médiane ; ombilic assez grand, laissant voir plus ou moins facilement la totalité des tours ; ouverture bien arrondie ; péristome à peine réfléchi sur l'ombilic. — Haut. 8 ; diam. 14 millim.

Cette forme est intermédiaire entre l'*Helix striolata* et le véritable *H. rufescens*, sa taille

HELIX RUFESCENS, Pennant (1).

Helix rufescens, Pennant, 1777. *British Zoology*, IV, p. 116, pl. LXXXV, fig. 127. — Dono-
van, 1803. *Nat. Hist. Brit. shells*, V, pl. CLVII, fig. 1. — Brown, 1837. *Illust.
Conch.*, pl. XL, fig. 47 et 53; 1844. 2e édit., p. 46, pl. XVII, fig. 47 et 53. — Dupuy,
1848. *Hist. Moll.*, p. 194 *(pars)*, pl. VIII, fig. 11, *d*, *e*. — Jeffreys, 1862. *British
Conch.*, I, p. 194, pl. XII, fig. 1.
Theba rufescens, Leach, 1852. *Moll. syn.*, p. 70.

HISTORIQUE. — L'historique de l'*Helix rufescens* est assez singulier;
sous ce nom on a confondu, comme nous allons le voir, deux formes
absolument différentes; l'une, le véritable *Helix rufescens* type, l'autre,
l'*Helix striolata* de Pfeiffer, dont nous venons de nous occuper. Pour
arriver à bien rétablir cet historique, nous serons obligé de passer en
revue les principaux ouvrages relatifs à la malacologie anglaise.

L'*Helix rufescens* est ainsi défini par Pennant : « *Cochlea dilute rufescens, aut subalbida, sinu ad umbilicum exiguo, circinato. — Sn. with
four spires, and minutely umbilicated; the exterior spire subcarinated.
Of a pale brownish red mottled with white. Inhabits woods.* » Cette courte
description, que nous traduisons par : « coquille composée de quatre
tours de spire, étroitement ombiliquée; spire extérieure subcarénée; d'un
rouge brun pâle, mélangé de blanc », est certainement peu explicite;
cependant nous en retiendrons ce caractère important : « *minutely umbilicated* », à savoir que l'*Helix rufescens* est étroitement ombiliqué, tandis
que chez l'*Helix striolata*, avec lequel on l'a si souvent confondu, cet
ombilic est ainsi défini : « *Nabel offen, die übrigen Umgänge des Gewin-
des zeigend* », c'est-à-dire : ombilic ouvert, laissant voir les autres tours
de la spire. Notons encore que Pennant classe son *Helix rufescens* dans
le groupe des *ventricose* et non dans celui des *depressed* qui précède. Ces

est plus grande que celle de l'*Helix striolata*, sa spire plus haute, ses tours un peu plus
convexes, le dernier tour moins caréné, avec la carène plus médiane, son ombilic un peu plus
étroit; en revanche, elle est bien moins conique que l'*Helix rufescens*, son dernier tour est
plus nettement caréné, son ombilic plus grand, etc.

HABITAT. — Manchester et Bristol, en Angleterre.

(1) Non *Helix rufescens*, Grateloup, 1839. *In Actes soc. Linn. Bordeaux*, t. XI, p. 408,
pl. I, fig. 3. — Ce nom de *rufescens* donné postérieurement à Pennant par le Dr Grateloup à
une espèce de Madagascar doit disparaître de la nomenclature. — Quant à l'*Helix rufescens*
de Gmelin, 1789, *Systema naturæ*, édit. XIII, p. 3640, il représente une coquille fluviatile et
non un *Helix*.

deux données des plus nettes et des plus précises vont nous permettre
de rétablir avec la plus grande exactitude le type de Pennant.

La figuration qui accompagne la description donnée par Pennant
représente en effet une coquille étroitement ombiliquée, d'un galbe assez
globuleux dans son ensemble, à spire un peu haute, légèrement carénée
au dernier tour, conformément à la description, et par conséquent bien différente de la figuration donnée par Carl Pfeiffer, pour son *Helix striolata*.

Or, Pennant admet dans sa synonymie une forme déjà visée par Lister (1),
et la diagnose qu'il donne, diagnose que nous avons reproduite, est précisément celle de Lister. Mais Lister ajoute : « *Est autem mediocris cochlea; in latitudine vero dimidiam unciam raro superat. — Ei color pal-
lide admodum rufescens, aut subalbidens. — Figura compressa; at paulo
minus quam reliquis duodus infra describendis. — Ad umbilicum, ubi
aperturæ limbus sinisterior reliquæ testæ adnectitur, est sinus quidam
rotundus, imo circinatus exiguus.* » Quant à la figuration qui accompagne
cette description, assez complète pour l'époque où elle a été écrite, elle
est absolument indéchiffrable et ne peut nous être d'aucune utilité pour
éclairer la question. Mais comment faire concorder cette description
d'une « *figura compressa* » avec le dessin donné par Pennant d'une coquille
qui n'a absolument rien de comprimé ? Il faut forcément en conclure que
Lister et Pennant ont envisagé, chacun de leur côté, deux formes différentes : Lister, l'*Helix striolata ;* Pennant, son véritable *Helix rufescens,*
c'est-à-dire deux types bien distincts et qui tous deux vivent en Angleterre. Lister doit donc être effacé de la synonymie de Pennant. Et c'est
précisément pour n'avoir pas su faire cette étude comparative des deux
textes de Lister et de Pennant que nous avons trouvé, chez les malaco-
gistes anglais, d'aussi singulières différences dans leurs descriptions du
prétendu *Helix rufescens.*

Da Costa (2), pour suivre un ordre chronologique dans cette étude historique, donne une longue description de l'*Helix rufescens,* dans laquelle
il nous apprend que chez cette coquille « l'ombilic central est grand et
très profond » et que « la clavicule (the Turban) est fort aplatie, car
les quatre orbes sont simplement posés l'un sur l'autre, séparés par des
stries ». La figure représentant une coquille vue en dessus et fort mal om-
brée n'est d'aucun secours. En vérité, il est difficile de rapprocher cette

____

(1) Lister, 1678. *Hist. anim. Angliæ*, pl. II, titulus XII, p. 125.
(2) Da Costa, 1778. *Hist. nat. Test. Britanniæ*, en anglais et en français, p. 80, pl. IV, fig. 6.

description de celle de l'*Helix rufescens* de Pennant, tandis que l'on voit qu'elle convient parfaitement à l'*Helix striolata*, c'est-à-dire à la forme de Lister citée par da Costa dans sa synonymie.

Da Costa croit, en outre, devoir rapprocher l'*Helix rufescens* d'une forme déjà figurée par Gualtieri (1), avec cette mention : « *Cochlea terrestris depressa, et umbilicata, ore ovali, umbilico majore, in quo anfractus spirarum in extima superficie acuminatarum observantur, mucrone tantillum elevato.* » Est-ce bien l'*Helix rufescens* ? Nous en doutons fort ; et ce n'est pas non plus l'*Helix striolata*, malgré les mots *depressa et umbilicata*. Il y a peu de chance pour que le premier médecin des Médicis, le savant professeur de Pavie, ait eu connaissance de cette petite forme anglaise. Dans tous les cas, la coquille représentée a un ombilic tel qu'il conviendrait mieux à l'*Helix cœlomphala*, que nous décrirons plus loin, qu'à n'importe quelle autre forme de ce même groupe.

Montagu (2), dans son traité, devient encore plus explicite. Nous laisserons de côté la mauvaise figuration qu'il donne pour retenir de sa longue description les expressions « *Shape in general considerably compressed* » et « *ombilicus large and deep* », qui s'appliquent évidemment à l'*Helix striolata*, et non pas à l'*Helix rufescens* type, malgré les correctifs qui indiquent les variations que le galbe de la coquille peut présenter.

Dans le bel atlas de Donovan (3), l'*Helix rufescens* est représenté par quatre dessins dont le galbe est assez élevé et l'ombilic assez étroit pour que nous puissions conclure à l'identité avec le type de Pennant, quoique dans sa synonymie, il renvoie à da Costa, à Lister et à Gualtieri, et qu'il ne cite pas Pennant, le créateur de l'espèce.

Maton et Rackett (4) ont réuni, sous le vocable d'*Helix rufescens*, plusieurs formes, ainsi qu'on peut en conclure par leur diagnose : « *Spira nunc depressa, nunc convexior* », qui s'applique aussi bien au type de Pennant qu'à celui de C. Pfeiffer. Ils ajoutent : « *Umbilicus cylindricus perforatus usque ad apicem.* » Or, le véritable *Helix rufescens*, pas plus

---

(1) Gualtieri, 1742. *Index test. Conch.*, pl. III, fig. N. — C'est par erreur que da Costa indique la figure. M. Donovan qui fait la même citation a rectifié cette erreur.

(2) Montagu, 1803. *Testacea Britannica*, II, p. 420. — 1808. *Supplément*, p. 144, pl. XXIII, fig. 2.

(3) Donovan, 1803. *The Natural History of British shells*, V, pl. CLVII, fig. 1.

(4) Maton and Rackett, 1807. *A descriptive Catalogue of the British testacea, in Transaction of Linnean Society*, III, p. 196. — 1845. Chenu, *in Bibliothèque conchyliologique*, 2e sér., 1, p. 214.

que l'*Helix striolata*, n'ont en réalité un ombilic cylindrique. Il y a donc évidemment une regrettable confusion chez ces savants auteurs.

John Fleming (1) paraît n'avoir connu que l'*Helix striolata*, puisque dans sa description, après avoir parlé de sa spire peu élevée « *spire little elevated* », il assigne à sa coquille un large ombilic « *pillar cavity large* ».

Dans l'atlas de Brown (2), nous trouvons enfin, pour la première fois, une bonne figuration appuyée d'une description précise. C'est, selon nous, un des dessins les plus exacts qui ait été donné du type de Pennant. Cette forme subdéprimée *(subdepressed)* est, comme on le voit, bien loin du type déprimé dont nous retrouvons chez d'autres auteurs des figurations aussi bien faites, mais incontestablement différentes. Comment confondre une telle forme dont nous trouvons du reste des échantillons absolument conformes, avec l'*Helix striolata* de Carl Pfeiffer ?

Forbes et Hanley (3) ne nous semblent point avoir connu le véritable *Helix rufescens*. Ils donnent sous ce nom deux figurations différentes : La figure 4 représente une *var. minor* assez analogue à l'*Helix montana* tandis que les figures 7 et 10 (fig. 7 seulement dans le texte) donnent une bonne reproduction de l'*Helix striolata*. Dans le texte, ces auteurs qualifient leur *Helix rufescens* de « *shell depressed* » avec « *ombilicus large and profond* », ce qui concorde parfaitement avec la description du véritable *Helix striolata ;* aussi n'avons-nous pas hésité à donner cette indication dans la synonymie de notre *Helix striolata* (4).

Les deux figurations données par John Edward Gray, dans son édition du manuel de Turton (5), répondent également à une coquille déprimée « *shell flattish; umbilicus large and deep* ». Comme Forbes et Hanley, il adopte dans sa synonymie le singulier amalgame spécifique proposé quelques années auparavant par Ludovic Pfeiffer (6), qui, sous le nom d'*Helix rufescens*, réunit les formes les plus disparates. Ce sont encore les mêmes errements que nous retrouvons dans l'atlas de Sowerby (7); il

---

1) John Fleming, 1828. *A history of British animals*, p. 261, n° 65.

) Thomas Brown, 1827. *Ilustration of the recent conchology*, pl. XL, fig. 47 et 53. — 1844. dit., p. 46, pl. XVII, fig. 47 et 53.

Forbes and Hanley, 1853. *A history of British Mollusca*, IV, p. 66, pl. CXVIII, fig. 4, 7

(4) *Vide ante*, p. 15.

(5) William Turton, 1857. *Manual of the land and fresh-water shells of the British Islands*, New edit., by J. Edward Gray, p. 132, fig. 38, pl. III, fig. 38.

(6) Ludovic Pfeiffer, 1848. *Monographia heliceorum viventium*, I, p. 141.

(7) Sowerby, 1859. *Illustrated index of British shells*, pl. XXIII, fig. 6.

représente une coquille déprimée et à grand ombilic, qui est évidemment l'*Helix striolata*.

Jeffreys (1) vient encore confirmer notre manière de voir au sujet de la double interprétation spécifique commise par les auteurs anglais, relativement à l'*Helix rufescens* de Pennant. D'après Jeffreys, l'*Helix rufescens* est ainsi qualifié : « *Shell subconic, compressed above and angularly rounded below* », et possède un « *umbilicus narrow, but distinct, exposing all the interior of the spire* », c'est-à-dire : coquille subconique, comprimée à la partie supérieure et arrondie-anguleuse à la partie inférieure, avec un ombilic étroit mais distinct, laissant voir toute la partie intérieure de la spire. C'est là une très exacte définition qui nous entraîne bien loin des formes déprimées et à grand ombilic, que l'on a si souvent confondues avec le type de Pennant. La figure qui accompagne le texte est excellente et concorde parfaitement avec la description. Ajoutons, en outre, que Jeffreys, tout en reconnaissant que les *Helix circinata*, *H. montana* et *H. cœlata* doivent appartenir à une même espèce, les distingue parfaitement de son *Helix rufescens*.

Lovell Reeve (2), le dernier auteur que nous examinerons, définit l'*Helix rufescens* : « *moderatly deeply umbilicated, subglobosely depressed* », ce qui concorde parfaitement avec le description de Jeffreys. Malheureusement, la description est accompagnée d'une synonymie fort complexe et absolument erronée. Quant à la figuration, sans être aussi parfaite que celle donnée par Jeffreys, elle représente assez bien le type de l'*Helix rufescens*, tel qu'il doit être compris.

Dans la collection de notre bienveillant ami, M. Bourguignat, nous avons retrouvé un échantillon de l'*Helix rufescens*, qui lui avait été envoyé, comme type, par Reeve lui-même. Cet échantillon est bien, en effet, subglobuleux-déprimé, ou plus simplement subconique, comprimé à la partie supérieure et arrondi-anguleux à la partie inférieure ; son ombilic est peu ouvert, quoique très profond et laisse voir plus ou moins facilement l'intérieur de la spire. C'est donc en réalité le type de Reeve, celui de Jeffreys, de Brown et de Pennant.

Ainsi donc, il existe chez les auteurs anglais deux formes bien distinctes, appelées toutes les deux *Helix rufescens* : l'une, d'après les propres définitions des auteurs, est déprimée et possède un ombilic large ; c'est

---

(1) John Gwyn Jeffreys, 1862. *British Conchology*, I, p. 194, pl. XII, fig. 1.
(2) Lovell Reeve, 1863. *The land and freshwater Mollusks*, p. 75.

cette même forme que Carl Pfeiffer a retrouvée en Allemagne et qu'il a décrite sous le nom d'*Helix striolata*. L'autre, subglobuleuse, avec un ombilic beaucoup plus étroit, décrite et figurée par Brown, Jeffreys et Reeve, sous le même nom d'*Helix rufescens*, correspond seule au type de Pennant.

Chacune de ces deux formes est absolument indépendante, et possède ses variations propres qui jamais ne se confondent. C'est pour cette raison que nous avons été conduit à rétablir, ainsi que nous venons de le faire, ces deux espèces trop souvent confondues.

Quant aux auteurs allemands, suivant l'exemple de L. Pfeiffer, ils ne paraissent pas avoir connu le véritable *Helix rufescens*. C'est ainsi que M. S. Clessin (1), et après lui M. Agardh Westerlund en Suède (2), font de l'*Helix striolata* soit un synonyme, soit au plus une variété de l'*Helix rufescens*.

En France, l'abbé Dupuy (3) a donné sous ce nom deux figurations qui représentent assez exactement les deux types anglais ; les figurations *a*, *b*, *c*, appartenant au même individu, nous montrent l'*Helix striolata* avec son galbe surbaissé et son large ombilic; tandis que les figures *d* et *e* représentent une variété *depressa* du véritable *Helix rufescens*, avec son galbe subconique et son ombilic plus étroit. Quant à Moquin-Tandon (4), il n'a certainement pas su distinguer ces deux espèces, puisqu'il réunit l'*Helix striolata* de C. Pfeiffer à l'*Helix montana* de Studer, qui pourtant ne lui ressemble guère. Les figures qu'il donne sont absolument fantaisistes.

Dans notre *Prodrome* (5), nous n'avons pas signalé la présence de l'*Helix rufescens* en France, par la bien simple raison que nous ne l'avions pas encore rencontré. Nous nous sommes borné, sur les indications de M. Bourguignat, à constater qu'il était bien différent de l'*Helix striolata* de C. Pfeiffer.

M. H. Drouët, dans son *Énumération des Mollusques terrestres et fluviatiles de la France continentale* (6), avoue que « dans l'impossibilité

(1) J. Clessin, 1874. *In Jahrbücher malak. Gesellsch.*, p. 174.

(2) Carl Agardh Westerlund, 1876. *Fauna europæa Molluscorum extramarinorum Prodromus*, p. 47 *(Helix rufescens, var. depresso-globosa)*.

(3) Dupuy, 1848. *Histoire naturelle des Mollusques*, p. 194, pl. VIII, fig. 11.

(4) Moquin-Tandon, 1855. *Histoire naturelle des Mollusques*, II, p. 206, pl. XVI, fig. 18 à 19.

(5) A. Locard, 1882. *Prodrome de malacologie française*, p. 79, en note.

(6) H. Drouët, 1855. *Enum. Moll. terr. et fluv. vivants de la France continentale*, p. 19 et 45.

où il a été de se créer une opinion bien arrêtée au sujet des véritables rapports qui lient les *Helix rufescens*, *glabella* et *montana*, il a préféré leur laisser, à chacune séparément, le rang provisoire d'espèce distincte. » Cependant, malgré cette prudente réserve, M. Drouët confond, comme les Anglais, l'*Helix rufescens* avec l'*Helix striolata*. En citant Boulogne, Douai et Bar-sur-Seine, comme habitat de l'*Helix rufescens*, il commet au moins une erreur pour ce dernier habitat, car nous avons vu les *Helix* provenant de cette localité, et nous pouvons affirmer que ce sont bien des *Helix striolata*, tandis qu'à Boulogne on trouve également les deux types *rufescens* et surtout *striolata*.

Après cet exposé un peu long sans doute, mais qui nous a cependant paru nécessaire pour bien fixer les idées, il nous reste à donner la description de l'*Helix rufescens*, d'après des types anglais, se rapportant aux indications que nous avons relevées dans notre synonymie.

DESCRIPTION. — Coquille de taille moyenne, d'un galbe général subconique légèrement déprimé, un peu plus développée en dessus qu'en dessous, conique-convexe en dessus, assez bombée en dessous. — Test un peu mince, solide, semi-transparent, d'un fauve rougeâtre, un peu clair, passant du corné fauve au roux foncé, parfois même un peu violacé, rarement monochrome, le plus souvent irrégulièrement bicoloré par des flammes longitudinales vaguement définies s'étalant sur un fond plus clair; devenant opaque après la mort de l'animal; d'un faciès un peu terne, ordinairement un peu plus brillant en dessous qu'en dessus; stries longitudinales fines, très serrées, un peu irrégulières, légèrement flexueuses, souvent plus profondément burinées au voisinage de la suture, atténuées au dessous seulement à la naissance de l'ombilic; dans le jeune âge quelques poils très caducs (?). — Spire assez haute, mais faiblement acuminée au sommet, composée de six tours à croissance d'abord lente et régulière, devenant ensuite notablement plus rapide dès le milieu de l'avant-dernier tour pour s'élargir un peu, tout à fait au voisinage de l'ouverture; profil des tours bien convexe; dernier tour haut, arrondi en dessus, renflé en dessous, portant environ aux deux cinquièmes de sa hauteur à partir de la suture une ligne carénale peu accusée, mais cependant visible sur presque la totalité du tour, et ordinairement de coloration un peu pâle. — Insertion du bord supérieur de l'ouverture légèrement tombante à son extrémité et devenant ainsi le plus souvent un peu infracarénale. — Sommet un peu saillant, lisse, brillant, de même teinte que le reste de la coquille. — Suture assez profonde, bien accusée. — Ombilic un peu petit, visible jusqu'au sommet, à peine évasé à sa naissance, laissant voir facilement l'avant-dernier tour sur toute sa longueur et sur une faible largeur, et plus difficilement une partie du tour précédent. — Ouverture assez oblique, légèrement ovalaire, à peine un peu plus large que haute, arrondie dans le haut et sur le bord extérieur, un peu déprimée dans le bas, portant à l'intérieur et sur toute sa périphérie un bourrelet d'un blanc souvent un peu violacé, à peine plus fort en bas qu'en haut, mais visible extérieurement. — Péristome discontinu, mince, droit, à bords éloignés, mais convergents ; bord supérieur court, légèrement arrondi ; bord externe presque circulaire ; bord inférieur arrondi, s'infléchissant un peu en dehors chez les sujets très adultes ; bord columellaire un peu court, réfléchi légèrement sur l'ombilic. — Épiphragme très mince, membraneux, opaque, d'un blanc clair, mat.

DIMENSIONS. — Hauteur totale, 6 1/2 à 7 1/2 millimètres ; diamètre maximum, 11 à 13 millimètres.

OBSERVATIONS. — Les dimensions que nous venons de donner sont prises sur des sujets français ; en Angleterre, la patrie normale de cette espèce, il n'est point rare de rencontrer des coquilles qui atteignent quatorze millimètres de diamètre, tout en conservant le même galbe.

Les principales variations que nous observons chez l'*Helix rufescens* portent sur le galbe, ou mieux sur le profil de la spire, sur le plus ou moins d'acuité de la carène et sur la coloration. Les autres parties de la coquille, sa partie inférieure, son ouverture, son ombilic, ses stries, etc., varient fort peu.

Suivant les individus, bien plus que suivant les colonies, la spire a des tendances à être plus ou moins surbaissée ; mais dans ce cas, quelles que soient les modifications que la spire éprouve, comme le dessous de la coquille ne se modifie pas, son ensemble conserve toujours ce galbe subconique plus ou moins déprimé qui caractérise l'*Helix rufescens* et le différencie d'avec l'*Helix striolata*, dont le dessous est notablement moins développé.

La carène est toujours bien visible, quelle que soit la taille des échantillons ; nous n'avons pas vu d'individus qui en soient complètement privés ; elle commence même avant la naissance de l'avant-dernier tour, car lorsque l'insertion de l'ouverture est infra-carénale, on voit encore la carène se poursuivre sur l'avant-dernier tour ; parfois elle devient presque complètement obsolète sur le dernier quart du dernier tour. La plupart du

temps cette ligne carénale est encore soulignée par un changement de
coloration du test dans cette région ; elle devient presque toujours plus
pâle, et souvent reste à peu près blanchâtre.

Comme l'avait fait observer Montagu, l'*Helix rufescens* présente de
notables variations dans sa coloration ; les individus monochromes sont
rares ; presque toujours ils sont vaguement flammulés ; il en est dont le
fond est d'un rouge brun, même un peu violacé, et qui passent jusqu'au
blanc gris sale au jaune roux clair et même au blanc ; rarement ils ont
le test brillant ; parfois même, et surtout en dessus, il devient terreux.

D'après ce que nous venons de voir, il y a donc lieu d'instituer pour
l'*Helix rufescens* les variétés suivantes, qui toutes se définissent d'elles-
mêmes : *major, minor, depressa, conica, rufula, subviolacea, fusca, luteola,
grisea* et *albida*.

Rapports et différences. — Comparé à l'*Helix striolata*, l'*Helix rufescens* se distinguera : à sa taille généralement un peu plus petite, surtout
en France ; à son galbe notablement moins déprimé dans son ensemble ;
à sa spire toujours plus haute ; à son dernier tour toujours plus renflé en
dessous ; à son ombilic beaucoup plus petit ; à sa carène moins haute ; à
ses stries un peu plus fortes et bien moins régulières ; à sa coloration
généralement plus foncée ; etc.

Frappé à juste titre de la différence qui existe entre l'*Helix rufescens*
type et l'*Helix striolata*, M. Bourguignat avait rapproché la première de
ces formes de l'*Helix incarnata*. (1) On la distinguera donc de cette dernière espèce ; à son galbe un peu moins globuleux, avec la spire ordinairement moins haute ; à son dernier tour moins arrondi, portant une carène
plus accusée ; à son ombilic plus grand ; à son ouverture plus arrondie,
moins tombante ; à son péristome plus mince, plus droit ; à son bourrelet interne plus blanc ; etc. Il est certain que s'il fallait trouver une forme
intermédiaire entre l'*Helix incarnata* et l'*Helix striolata*, il n'en existerait
pas de meilleure que l'*Helix rufescens*, à tous les points de vue.

Habitat. — L'*Helix rufescens*, d'après les données que nous possédons,
paraît vivre dans les mêmes milieux que l'*Helix striolata*. En Angleterre
nous avons constaté son existence à Deal et à Canterbury, dans le comté
de Kent ; Burton, dans le comté Stafford d'où provenait le type envoyé par
Reeve à M. Bourguignat ; Bristol et dans le comté de Sommerset ; etc. En

(1) *In* A. Locard, 1882. *Prodr. malac. franç.*, p. 79, en note.

France nous l'avons retrouvé à Boulogne, dans le Pas-de-Calais et à Valenciennes, dans le Nord. Sans doute il a pour origine sur notre continent quelque colonisation d'origine anglaise; il paraît s'être définitivement acclimaté dans nos pays (1).

HELIX ABLUDENS, Locard.

Helix Altenana, Klees, *In* Locard, 1882. *Prodr. malac. franç.,* p. 79 *(pars).*

HISTORIQUE. — La forme que nous désignons sous le nom d'*Helix abludens* nous était connue depuis longtemps; mal fixé sur la véritable valeur des *Helix Altenana* de Klees et de Kickx, nous avions cru devoir la rapporter à cette dernière espèce, dans notre *Prodrome.* C'est là une erreur que nous tenons à rectifier. Pour cela, il importe de rechercher ce qu'il en est de l'*Helix Altenana.*

Gottfried Gärtner est le premier auteur qui, en 1813, ait parlé de l'*Helix Altenana* (2), coquille dédiée au professeur Johann Wilhelm von Alten, d'Augsbourg, auteur d'un ouvrage de malacologie publié l'année précédente. Gärtner, après avoir donné en allemand une description de son espèce, ajoute qu'elle a pour synonyme l'*Helix sylvestris* de von Alten (3). Or, d'après la description et l'élégante figuration de cet auteur, il est facile de voir que son *Helix sylvestris* n'est autre chose qu'une des formes à petit ombilic voisines de l'*Helix strigella* de Draparnaud (4). Gärtner ne connaissait pas sans doute cette dernière espèce, mais il avait raison de changer le nom proposé par von Alten, puisque ce même nom de *sylvestris* avait été proposé dès 1789, par Samuel Studer (5) pour le *Bulimus montanus* (6) ou quelque autre forme très voisine alors classée dans le genre *Helix.*

---

(1) C'est évidemment par erreur que M. A. Morelet a signalé l'*Helix rufescens* en Algérie *(in Journ. Conch.,* IV, Paris, 1853, p. 289 et 802); c'est une forme absolument septentrionale.

(2) G. Gärtner, 1813. *Versuch einer systematischen Beschreibung der im Wetterau bishe entdeckten Konchylien,* 1 vol. pet. in-4. Hanau, p. 27.

(3) J.-W. von Alten, 1812. *Systematische Abhandlung über die Erd- und Fluss-Conchylien, welche um Augsburg und in der umliegenden Gegend gefunden werden,* 1 vol., in-8. Augsburg, avec 14 pl., p. 69, pl. VII, fig. 13.

(4) *Helix strigella,* Draparnaud, 1801. *Tabl. Moll.,* p. 84. — 1805. *Hist. Moll.,* p. 84, pl. VII; fig. 1, 2.

(5) Studer, 1790. *Voyage en Suisse, in* William Coxe, III, p. 431.

(6) *Bulimus montanus,* Draparnaud, 1801. *Tabl. Moll.,* p. 65. — 1805. *Hist. Moll.,* p. 74, pl. IV, fig. 22.

Cinq années plus tard, Joannès G. Klees, dans une thèse inaugurale
soutenue devant l'université de Tubingue, confirme cette manière de voir,
déclarant que l'*Helix Altenana* de Gärtner a pour synonyme les *Helix sylvestris* de von Alten et *H. strigella* de Draparnaud (1). Pour quelle raison
Klees n'a-t-il pas donné la priorité au nom de Draparnaud ? C'est ce que
nous ne saurions dire. Mais nous remarquerons qu'en 1821, Carl Pfeifer (2) a rétabli les droits de priorité de l'*Helix strigella* de Draparnaud,
en faisant rentrer dans sa synonymie les dénominations données par von
Alten et par Gärtner, sans faire allusion à Klees. Or comme ni von
Alten, ni Gärtner, ni Klees ne nous donnent des détails suffisants, notamment sur l'allure de l'ombilic de leurs coquilles, il ne nous est pas possible de dire exactement à laquelle des différentes espèces du groupe de
l'*Helix strigella* elles appartiennent (3); nous constaterons cependant que
puisqu'il est bien démontré par M. Bourguignat que le type de l'*Helix
strigella* possède un grand ombilic, comme on peut le voir dans les figurations de Draparnaud (4) et de Carl Pfeiffer (5), l'*Helix sylvestris* de von
Alten doit se rapprocher plutôt de l'*Helix separica* (6).

Dans une autre thèse soutenue en 1830, par Joannès Kickx, devant
l'Univesrité de Louvain, nous voyons le nom de *Helix Altenana*, mais avec
une tout autre signification (7). Kickx reconnaît à Gärtner la paternité de
ce nom; mais il lui donne une synonymie nouvelle : « *Helix strigella*,
Pfeiffer, *non* Draparnaud, *nec* Sturm; *Helix sylvestris*, von Alten *ex* Pfeiffer. » La description qu'il en donne s'écarte notablement des descriptions précédentes; en outre, l'*Helix Altenana* est représenté vu de profil

<hr>

(1) J.-G. Klees, 1818. *Dissertatio inauguralis sistens charactericen et descriptiones
Testaceorum circa Tubingam indigenorum*, 1 br. in-8. Tubingæ, p. 25.

(2) C. Pfeiffer, 1821. *Systematische Anordnung und Beschreibung deutscher Land- und
Wasser-Schnecken*, I, p. 32, pl. II, fig. 6.

(3) Pour fixer les idées, nous reproduisons ici les diagnoses de Gärtner et de Klees, les
publications de ces deux auteurs étant assez difficiles à retrouver :

1º GÆRTNER. — Gehäus dicht- und schiefgestreift, durchscheinend (ohne Borsten), strohgelb
mit einer etwas blasseren Binde. Windungen 5-6, deren oberste in's Röthliche spielen,
Mündung halbmondförmig, etwas röthlich, lippenlos, inwendig mit einem weissen Wulst
eingefasst. — Durchmesser 6-6 1/2. L. Höhe 3 1/2-4 L.

2º KLEES. — Testa globosa transparente flavo-fusca, fascia media albicante, anfractibus
quinque oblique striatis, apertura rotundo-semilunari, peristomate albo, patulo marginato.
— Diam. 6, alt., 4 Lin.

(4) Draparnaud, 1805. *Hist. Moll.*, pl. VII, fig. 2.

(5) C. Pfeiffer, 1821. *Syst. Anord. Deutsch.*, I, pl. II, fig. 6.

(6) *Helix separica*, Bourguignat, 1878. *Test. nov. Moll.*, nº 141. — 1882. *In* Locard. *Prodr.
malac. franç.*, p. 62 et 303. *(H. Vellavorum per err.)*.

(7) J. Kickx, 1830. *Specimen inaugurale exhibens synopsis Molluscorum, Brabantiæ
australi indigenorum*, in-4. Lovanii, p. 23, fig 4, 5.

et vu en dessus, mais il n'a plus le moindre rapport avec la forme si bien figurée par von Alten.

Si nous ajoutons que Kickx, dans sa description, dit ces mots : « *H. testa convexiuscula... anfractus sex, sutura profonda distincti, ultimo linea alba quasi carinata* », on reconnaîtra que nous voilà bien loin de l'*Helix strigella*, et on comprendra que Bouchard-Chantereaux ait ajouté l'*Helix Altenana* de Kickx à sa synonymie de l'*Helix rufescens* (1). Il est donc fort probable que le nom d'*Helix Altenana* Kickx, doit se rapporter à une coquille absolument différente de l'*Helix Altenana* de Gärtner et de Klees : la première, déprimée, voisine de l'*Helix rufescens;* la seconde, globuleuse, voisine de l'*Helix strigella* (2). Or, la forme que nous allons décrire sous le nom d'*Helix abludens*, tout en appartenant incontestablement au groupe qui nous occupe, est précisément intermédiaire entre le groupe de l'*Helix rufescens* et celui de l'*H. strigella*. Telle est la cause qui nous l'avait fait confondre avec l'*Helix Altenana*, dénomination qui doit disparaître forcément de la nomenclature.

DESCRIPTION. — Coquille de taille moyenne, d'un galbe général conique-subglobuleux, notablement plus développée en dessus qu'en dessous, bien conique en dessus, bombée en dessous. — Test un peu mince, solide, subopaque, d'un fauve roux un peu foncé, passant au corné clair, rarement monochrome, le plus souvent irrégulièrement flammulé de teintes foncées, se détachant sans bords limités sur un fond plus pâle ; devenant opaque et d'un gris terne après la mort de l'animal, d'un faciès un peu terne, à peine un peu plus brillant en dessous qu'en dessus ; stries longitudinales un peu fines, très serrées, irrégulières, légèrement flexueuses, à peine atténuées en dessous au voisinage de l'ombilic ; dans le jeune âge quelques poils espacés, moins facilement caducs que chez les formes précédentes. — Spire haute, un peu acuminée au sommet, composée de six tours bien étagés les uns au-dessus des autres, à croissance très lente, très régulière, devenant à peine un peu plus rapide au dernier tour, surtout sur la dernière moitié de sa longueur ; profil des tours bien arrondi ;

____

(1) Bouchard-Chantereaux, 1838. *Catalogue des Mollusques marins observés jusqu'à ce jour à l'état vivant sur les côtes du Boulonnais*, p. 46.

(2) Une manière de voir analogue paraît être celle que Ludovic Pfeiffer aurait adoptée en dernier lieu, puisque dans l'édition du *Nomenclator*, publiée par les soins de M. S. Clessin, nous voyons, p. 118, l'*Helix Altenana*, de Gärtner, figurer comme synonyme de l'*Helix strigella*, tandis que p. 124, l'*Helix Altenana*, de Klees, avec un point de doute, il est vrai, se trouve dans la synonymie de l'*Helix rufescens*.

dernier tour presque aussi arrondi et renflé en dessus qu'en dessous, portant, dans sa partie médiane, les traces d'une ligne carénale accusée surtout par une bande étroite plus faiblement colorée que le reste du test, visible sur les deux tiers ou les trois quarts de la longueur du dernier tour à partir de sa naissance. — Insertion du bord supérieur de l'ouverture sensiblement médiane et rectiligne, ou parfois très légèrement tombante au-dessous de la ligne carénale, sur une faible longueur. — Sommet saillant, lisse, brillant, de même teinte que le reste de la coquille. — Suture assez profonde, bien accusée. — Ombilic assez grand, visible jusqu'au sommet de la coquille, à peine évasé à sa naissance, laissant voir facilement l'avant-dernier tour sur toute sa longueur mais sur une faible largeur, et plus difficilement les tours précédents. — Ouverture assez oblique, presque exactement arrondie, portant à l'intérieur un bourrelet blanchâtre, un peu violacé chez les individus au test plus foncé, visible sur toute la périphérie. — Péristome discontinu, mince, droit, à bords assez rapprochés et convergents ; bord inférieur un peu évasé dans le bas ; bord columellaire très légèrement réfléchi sur l'ombilic. — Épiphragme très mince, membraneux, opaque, d'un blanc clair, mat.

DIMENSIONS. — Hauteur totale, 7 à 7 1/2 millimètres ; diamètre, 10 à 11 millimètres.

OBSERVATIONS. — Nous avons reçu cette espèce à diverses reprises, tantôt sous le nom d'*Helix Altenana*, tantôt sous le nom d'*Helix rufescens* type, ou *var. Danubialis*.

Elle est susceptible de présenter quelques variations résultant de l'influence des milieux. C'est ainsi, par exemple, que nous avons observé des échantillons provenant de l'île de Jersey, qui constituent une *var. globulosa*. Ces individus sont en effet très globuleux, de taille assez petite et rappelant la forme de l'*Helix strigella*, avec des tours plus hauts, plus étagés, beaucoup plus serrés, un dernier tour orné d'une bande claire médiane, à ombilic plus petit, et l'insertion du dernier tour moins tombante à son extrémité. Nous distinguerons également des *var. rufula*, *cornea* et *albida*, qui se définissent d'elles-mêmes.

RAPPORTS ET DIFFÉRENCES. — Comparé aux deux formes précédentes, notre *Helix abludens* se distinguera toujours : à sa taille ordinairement plus petite ; à son galbe beaucoup plus globuleux ; à sa spire plus haute, plus conique, avec des tours plus étagés ; à son sommet plus saillant ; au profil de ses tours plus arrondi; à son dernier tour plus renflé, plus arrondi, plus vaguement caréné, et avec la carène toujours médiane; à son ouverture plus arrondie; etc.

On peut également le comparer à l'*Helix strigella* type; il s'en distingue à sa taille plus petite; à son ombilic plus étroit; à son galbe plus conique, avec la spire plus haute; à son dernier tour moins gros, moins renflé, moins arrondi; à son ouverture moins exactement circulaire et moins oblique; à son dernier tour moins tombant à son extrémité, et orné d'une bande carénale médiane; à son test; etc.

Habitat. — Peu commun; paraît vivre dans les mêmes milieux que l'*Helix rufescens*. Nous l'avons observé : en Angleterre, dans l'île Jersey et aux environs de Dublin. En France, nous l'avons reconnu aux environs de Boulogne-sur-Mer, dans le Pas-de-Calais.

HELIX MONTANA, Studer.

Helix montana, Studer, 1790. *In* Coxe, *Voyage en Suisse*, III, p. 429.—Studer, 1820. *Syst. Verzeichn. Schweizer-Conch.*, p. 12. — C. Pfeiffer, 1828. *Naturg. Deutsch. Moll.*, III, p. 23, pl. VI, fig. 9. — De Charpentier, 1837. *Cat. Moll. Suisse*, p. 11, pl. I, fig. 15. — H. Morlet, 1871. *In Journ. Conch.*, XIX, p. 22 (tir. à part, p. 9). — S. Clessin, 1874. *In Jahrbücher*, p. 130, pl. VIII, fig. 2. — A. Locard, 1880. *Et. variat. malac.*, I, p. 91. — A. Locard, 1882. *Prodr. Malac. franç.*, p. 80.
— *circinnata*, Studer, 1820. *Loc. cit.*, p. 12.}— Baron de Ferussac, 1821. *Tabl. syst.*, p. 43, nº 268. — Rossmässler, 1835. *Iconogr.*, I, p. 63, pl. I, fig. 124, *a*. — 1838. *Loc. cit.*, VII, p. 1, pl. XXXI, fig. 422.
— *hispida, var. circinnata*, Hartmann, 1821. *In Neue Alpina*, p. 237 et 263, pl. II, fig. 13.
— *rufescens, var. montana*, P. Hagenmüller, 1872. *Catal. Moll. terr. et fluv. d'Alsace*, p. 14.
Fruticicola rufescens, var. montana, S. Clessin, 1876. *Deutsch. Exc.-Moll.-Fauna*, p. 119, fig. 67. — 1884. 2ᵉ édit., p. 158, fig. 88. — 1887. *Moll. Fauna Oest.-Ungarns und der Schweiz*, p. 130.

Historique. — L'historique de l'*Helix montana* est assez complexe. Nous allons essayer de l'établir de la façon la plus précise. Studer, en 1790, se borne à mentionner cette forme avec l'indication : « nouvelle espèce ». En 1820, il l'inscrit dans son catalogue à la suite de son *Helix cœlata* avec la mention suivante : « *Auf dem Jura, wie die vorige, mit und ohne weisse Binde; mit einer solchen hiess sie sonst H. circinnata* (sic)», que nous traduisons ainsi : « Sur le Jura, comme la précédente, avec et sans bande blanche; avec une bande blanche elle se nomme *H. circinnata*. »

Quelques auteurs, notamment Moquin-Tandon (1), ont cru voir dans les deux *Helix montana* de Studer deux espèces bien différentes; la première ne serait autre que l'*Helix sylvatica* (2) ou une de ses variétés; l'autre, comme nous l'avons déjà expliqué, une variété de l'*Helix rufescens* de Pennant. Il nous paraît difficile d'admettre qu'un auteur comme Studer ait donné deux fois le même nom à deux formes aussi distinctes. Quoi qu'il en soit, la première dénomination, celle de 1790, est sans aucune diagnose, et la seconde, à peine un peu plus explicite, est considérée comme la véritable forme *montana* des malacologues suisses, tantôt envisagée comme espèce, tantôt comme variété. Ajoutons que nous avons reçu à maintes reprises cette forme, soit de la Suisse, soit d'autres pays, et que c'est une forme constante et parfaitement définie.

Peu de temps après la publication du second mémoire de Studer, Hartmann, considérant que ce nom de *montana* pouvait prêter à la confusion, décrivit et figura la même forme sous le nom d'*Helix hispida var. circinnata*. Dans ses tableaux (3) il a soin d'identifier cette forme à l'*Helix montana* de Studer, ce qui enlève toute espèce de doute à cet égard, et la figure qu'il donne est assez bonne pour bien distinguer cette forme de la précédente, inscrite sous le nom d'*H. corrugata*, avec les *var. clandestina, cœlata, etc.*

A la même époque, le baron de Férussac inscrit cette espèce dans son *Tableau systématique* sous le nom d'*Helix circinata* mais sans en donner de description, se bornant à indiquer comme synonyme le nom d'*Helix montana* de Studer et avec un point de doute l'*Helix Altenana* de Klees.

En 1828, Carl Pfeiffer reprend l'ancien nom d'*Helix montana* et donne pour la première fois une très bonne description accompagnée d'une figuration assez exacte, permettant de bien nettement apprécier les caractères différentiels qui séparent l'*Helix montana* de l'*Helix striolata* (4). Il prend son type, non plus en Suisse, comme Studer et Hartmann, mais sur la montagne du château de Heidelberg et dans les forêts aux environs de Vienne.

---

(1) Moquin-Tandon, 1855. *Hist. Moll.*, II, p. 172. — *Helix sylvatica, var. montana (Helix montana* Studer, *Faunæ Helv.*, *in* Coxe, *Trav. Switz.*, III, 1879, p. 429; *non* Studer, *Kurz. Verzeichn.*, 1828, *nec* C. Pfeiffer, *nec* Fer., *nec* Hön.).

(2) *Helix sylvatica*, Draparnaud, 1801. *Tabl. Moll.*, p. 79. — 1805. *Hist. Moll.*, p. 193, pl. VI, fig. 1-2.

(3) Le tableau placé à la fin du volume est paginé 163 par erreur, au lieu de 263.

(4) « Sie ist kleiner, mehr kugelig, und weniger gestreift, als meine *H. striolata.* » — Elle est plus petite, plus arrondie et moins striée que mon *H. striolata*.

Rossmässler en 1835 et 1838 abandonne le nom de *montana* pour revenir à celui de *circinata ;* mais comme l'a fait observer M. S. Clessin (1), il est facile de voir qu'il a très mal compris les différentes espèces de ce groupe, à en juger par les rapprochements synonymiques auxquels il se livre. Cependant, nous croyons pouvoir rapporter avec quelque certitude à l'*Helix montana* les figures 124 et 422 qui représentent assez exactement le type de Studer.

De Charpentier (2) a donné deux figurations de l'*Helix montana ;* l'une, déprimée, nous semble peu exacte ; ce serait d'après lui la forme *circinata* de Studer et du baron de Férussac ; l'autre, beaucoup plus exacte, représente une forme *minor* de l'*Helix montana* tel qu'il est admis aujourd'hui par les malacologistes suisses. Dans sa collection au musée de Lausanne, l'*Helix montana* est représenté par un grand nombre d'échantillons aux formes les plus diverses ; l'examen de ces coquilles montre dans quel singulier embarras de Charpentier a dû se trouver pour les classer ; sur l'étiquette on lit successivement les noms de *Helix circinata* et de *H. rufescens* tour à tour effacés, pour céder la place au seul nom d'*H. montana*. Quant aux coquilles on voit avec de véritables *Helix montana* bien typiques plusieurs des formes que nous aurons à décrire ultérieurement et toutes bien différentes les unes des autres par leur galbe comme par leur ombilic.

Moquin-Tandon (3) a suivi en partie les errements de Rossmässler et ne nous paraît pas avoir connu le véritable *Helix montana* puisqu'il rapporte sa *var. montana* à l'*Helix striolata* de C. Pfeiffer, et sa *var. circinata* aux figurations de Rossmässler, mais sans citer l'*Helix montana* d'aucun auteur autre que Studer.

M. H. Drouët (4) commet la même confusion en citant l'*Helix montana* de C. Pfeiffer et en lui donnant comme synonyme la figure 423 de Rossmässler. Nous avons récolté dans deux des localités qu'il indique ces prétendus *Helix montana*, dans les jardins de Châtillon-sur-Seine, et à Darcey, et nous avons pu nous assurer que c'étaient des *Helix clandestina* des mieux caractérisés.

M. S. Clessin dans son premier mémoire sur les *Fruticicola* a très bien compris l'*Helix montana*, quoique la figure schématique qu'il en donne

(1) J. Clessin, 1874. *In Jahrbüch. Malak. Gesellsch.*, p. 180.
(2) Jean de Charpentier, 1837. *Catalogue des Mollusques de la Suisse*, p. 11.
(3) Moquin-Tandon, 1855. *Hist. Moll.*, II, p. 206.
(4) H. Drouët, 1868. *Moll. Côte-d'Or, in Mém. acad. Dijon*, p. 81 (tir. à part, p. 49).

soit un peu fantaisiste et bien moins bonne que celle de ses *Excursions*. Selon cet auteur, il faudrait encore rapporter à l'*Helix montana* de Studer, l'*Helix erecta* de Hartmann (1), forme que nous ne connaissons que par sa description. Quant à considérer le *var. minor* de l'*Helix rufescens* de Jeffreys (2) comme un *Helix montana*, nous conserverons quelques doutes au sujet de ce rapprochement. Nous nous sommes déjà expliqué au sujet des véritables *Helix rufescens*, et si nous avons vu chez cette espèce une *var. minor*, en revanche nous n'avons jamais observé d'*Helix montana* provenant d'Angleterre.

Peut-être devrions-nous ajouter à cette énumération deux des figurations données par Ludovic Pfeiffer dans les suites de Martini et Chemnitz à propos de l'*Helix rufescens* (3). Mais ces dernières sont tellement déplorables qu'elles peuvent s'appliquer aussi bien à l'*Helix montana* qu'à toute autre forme d'un groupe différent.

DESCRIPTION. — Coquille de taille moyenne, d'un galbe général subglobuleux, un peu déprimé, un peu plus développée en dessus qu'en dessous, légèrement conique en dessus, bien bombée en dessous. — Test un peu mince, solide, subtransparent, passant d'un corné fauve un peu clair au corné pâle, rarement monochrome, le plus souvent avec quelques vagues maculatures un peu plus foncées se détachant peu nettement sur un fond plus clair; devenant opaque et blanchâtre après la mort de l'animal; d'un faciès général un peu terne lorsque la coquille est bien fraîche, à peine plus brillant en dessous qu'en dessus; stries longitudinales très fines, quoique bien visibles, très serrées, un peu irrégulières, légèrement flexueuses, atténuées en dessous, surtout au voisinage de l'ombilic; dans le jeune âge pourvue de poils fins, laineux, rapprochés, devenant ensuite facilement caducs. — Spire un peu haute, légèrement acuminée au sommet, composée de six tours à croissance progressive, lente et régulière, devenant un peu plus rapide à l'extrémité du dernier tour, et sur une faible longueur; profil des tours arrondi; dernier tour bien arrondi, à peine un peu plus renflé en dessous qu'en dessus, parfois orné d'une bande carénale un peu plus claire, supramédiane, visible sur au moins les deux tiers de la périphérie. — Insertion du bord supérieur de l'ouverture étroite ou à peine un peu tombante sur une faible longueur, tou-

(1) *Helix erecta*, Hartmann, 1844. *Gasterop. der Schweiz*, p. 129.
(2) Jeffreys, 1862. *British Conchology*, I, p. 195.
(3) *Helix rufescens*, L. Pfeiffer, 1846. *Syst. Conch. cab.*, p. 118, pl. XVI, fig. 15 et 16.

à fait à son extrémité et devenant dans cette partie infracarénale. — Sommet un peu saillant, lisse, brillant, de même teinte que le reste de la coquille, ou parfois de teinte un peu plus pâle. — Suture peu profonde, accusée surtout par le bombement des tours de la spire. — Ombilic petit, visible jusqu'au sommet, à peine évasé à sa naissance, laissant voir l'avant dernier tour sur une faible largeur mais sur toute sa longueur, et plus difficilement une partie du tour précédent. — Ouverture assez oblique, arrondie, à peine un peu plus large que haute, presque droite dans le haut, bien arrondie dans la région extérieure et dans le bas, un peu allongée vers l'ombilic, portant à l'intérieur un bourrelet blanchâtre continu, mais plus étroit et surtout plus saillant, dans le bas que dans le haut. — Péristome discontinu, mince, droit, à bords convergents; bord supérieur très court; bord externe bien arrondi et tranchant; bord inférieur légèrement évasé; bord columellaire réfléchi sur l'ombilic. — Épiphragme très mince, membraneux, opaque, d'un blanc clair, mat.

Dimensions. — Hauteur totale 6 à 6 1/2 millimètres; diamètre maximum 10 à 12 millimètres.

Observations. — L'*Helix montana* est une des formes les mieux caractérisées de ce groupe, et nous sommes surpris de voir qu'on ait cherché à la réunir à d'autres types, aussi différents, aussi distincts que les *Helix striolata* ou *H. rufescens*, par exemple. La seule excuse que l'on puisse donner, c'est que les naturalistes qui ont ainsi agi ne s'étaient pas procuré de bons types pour la comparaison de ces différentes formes.

Quoique constant dans son allure générale, l'*Helix montana* présente quelques variations à signaler. Nous parlerons en premier lieu de la *var. circinata* instituée par Studer. Nous n'avons pas retrouvé ce type dans sa collection; mais comme il est facile de voir que l'*Helix montana* type est tantôt avec une bande carénale plus claire que le fond du test, tantôt sans bande carénale, il est très aisé de se rendre compte de cette variété. On remarquera que chez l'*Helix montana* il n'existe pas la moindre carène sur le dernier tour, comme nous en avons observé, par exemple, chez les *Helix striolata* et *H. rufescens*; le profil du tour est arrondi, moins exactement circulaire que chez l'*Helix abludens*, mais sans la moindre carène; la bande carénale n'est donc, chez les *Helix montana*, qu'une simple variation *ex colore* et non pas *ex forma*.

Il existe également d'autres modifications résultant de l'habitat. Souvent, surtout chez la *var. circinata*, l'ensemble de la coquille, et plus particulièrement la spire, est un peu moins élevé que dans le type, la coquille est moins globuleuse et constitue une *var. depressa*. Nous croyons avoir observé que cette forme se trouvait de préférence dans les milieux un peu bas et humides.

La forme *minor* signalée par de Charpentier n'est point rare dans le Jura et dans la Suisse; elle est toujours un peu globuleuse, à spire un peu haute, souvent sur cette variété les stries sont un peu plus fortement accusées, ou mieux plus profondément burinées que dans le type.

Enfin M. Charpy de Saint-Amour nous a envoyé, il y a plusieurs années, une *var. albida* qui paraît très commune dans cette station et que nous avons également reçue de plusieurs autres régions. Dans notre étude sur les variations malacologiques (1); nous avons déjà signalé les *var. glabra, hispida, pratensis* de Dumont et de Mortillet (2), ainsi que les *var. depressa, globulosa, sublecta* et *minor* que nous avions déjà observées à cette époque.

RAPPORTS ET DIFFÉRENCES. — Nous rapprocherons l'*Helix montana* des quatre espèces que nous venons de décrire. Par son galbe globuleux, sa spire plus ou moins élancée, son ombilic étroit, ses stries plus fines, sa taille plus petite, on le séparera de suite de l'*Helix striolata*, qui est déprimé, très caréné, à grand ombilic, fortement strié et toujours plus grand.

Il présente un peu plus d'analogie avec l'*Helix rufescens;* mais il s'en distingue : par son galbe plus globuleux; par sa spire avec des tours plus arrondis et non pas simplement convexes; par son dernier tour toujours arrondi, jamais anguleux ni caréné, tout au plus orné d'un bande plus claire; par son ombilic encore plus étroit; par son sommet plus saillant; par son ouverture moins tombante à son extrémité, plus arrondie; par son bourrelet interne moins fort; par sa coloration le plus ordinairement plus pâle, plus claire; par ses stries encore plus fines et plus régulières; etc.

Enfin rapproché de l'*Helix abludens*, on le reconnaîtra : à son galbe moins globuleux; à sa spire moins haute; à son ombilic plus étroit; à son enroulement des tours moins serré; à son ouverture moins exactement circulaire; etc.

_____

(1) A. Locard, 1880. *Études sur les variations malacologiques*, I, p. 91.

(2) Dumont et de Mortillet, 1857. *Catalogue critique et malacostatique des mollusques de Savoie et du bassin du Léman*, p. 46.

Habitat. — L'*Helix montana* vit dans toute la région est de la France en colonies assez populeuses ; on le trouve dans les bois et les forêts, sous les buissons et les arbrisseaux, dépassant souvent 500 mètres d'altitude. Nous l'avons observé dans les localités suivantes : en Suisse, dans tout le Jura neuchâtelois (1). En France : Nantua, le Colombier, Hauteville, Culoz, la partie boisée et montagneuse du haut et bas Bugey, le Reculet, etc., dans l'Ain ; la Grande-Chartreuse, Allevard, la Salette, etc., dans l'Isère ; Poligny, Bief-du-Fourg, Saint-Claude, Saint-Amour, etc., dans le Jura ; Châtillon-sur-Seine, Recey-sur-Ource, etc., dans la Côte-d'Or ; Chaumont, dans la Haute-Marne ; Neuf-Brisach, Einsisheim, Belfort, dans le Haut-Rhin ; les alluvions du Rhône, au nord de Lyon (2); etc.

HELIX SUBMONTANA, J. Mabille.

Helix Pascali, J. Mabille, 1867. *In Archives malacologiques*, p. 29.
—   *submontana*, J. Mabille, 1868. *In Rev. et mag. Zool.*, p. 22. — A. Locard, 1880. *Et. variat. malac.*, I, p. 93. — A. Locard, 1882. *Prodr. Malac. franç.*, p. 77.
—   *rufescens, var. submontana*, Westerlund, 1876. *Fauna Europ. Prodr.*, p. 48.

Historique. — En 1867, M. Jules Mabille séparait de l'*Helix montana* une forme voisine mais bien distincte, sous le nom d'*Helix Pascali*. Ce nom ayant déjà été donné antérieurement à une autre forme, M. J. Mabille, en 1868, lui substitua le nom d'*Helix submontana* qui convient d'être maintenu. Nous avons eu entre les mains le type de M. J. Mabille, et c'est sur ce type que nous allons donner la description de l'espèce.

(1) Dans le travail de M. le professeur D' Théophile Studer intitulé : *Die Mollusken der nächsten Umgebung von Bern*, nous relevons à propos de cette espèce l'indication suivante : « *H. rufescens* Penn., *var. clandestina* Hartm., scheint ebenfalls auf den Jura beschränkt. Chasseral, Schuttleworth, ebenso *var. montana*, Stud. »

(2) Venance Payot, dans son *Erpétologie, malacologie et paléontologie des environs du Mont-Blanc* (*In Ann. soc. d'agricult. de Lyon*, 3ᵉ sér., t. VIII, 1864, p. 483,) indique les stations suivantes pour l'*Helix montana :* sur les plantes, dans les bois, les forêts et les endroits frais; lac de Joux au Platet, 1350 m.; bois entre Maglan et la Colonne, 800 m.; val du Chatelard, Servoz, 700 m.; bois et escalier du Platet, 1600 m.; les bois du Bouchet à Chamounix, 1052 m.; la Crozaz, sur les Plagnes, en descendant le côté de la Forclaz, les Contamines, 1900 m. L'*Helix montana* ayant été si souvent confondu avec d'autres formes voisines, ces indications méritent d'être confirmées.

Dumont et de Mortillet *(Catalogue critique et malacostatique des mollusques de Savoie et du bassin du Léman*, p. 46) indiquent également pour cette espèce un grand nombre de localités du bassin de Genève, de Bonneville et de Chambéry; mais comme nous avons pu nous en assurer, ces localités se rapportent à plusieurs espèces différentes. On ne peut donc les relever que comme indication d'habitat général du groupe.

Sous le nom d'*Helix rufescens, var. Putonii*, M. S. Clessin (1) a décrit une forme qui nous paraît voisine de l'*Helix submontana,* mais que nous n'avons pas rencontrée. A titre de comparaison, voici comment cette coquille est définie : « coquille subconique, mince, transparente, d'une coloration cornée d'un jaune très clair, avec des stries allant en s'agrandissant, très fortes, très irrégulières ; toujours glabre, même dans le jeune âge ; 6 à 7 tours ; sans carène transparente, mais à la place une bande claire ; tours à croissance assez rapide, le dernier notablement élargi ; ouverture peu découpée, en forme de croissant très large ; bourrelet peu développé ; ombilic étroit, faiblement évasé vers l'ouverture. — Habite dans les Vosges, contre les murailles et dans les fentes des rochers, sur les Orties poussant le long des murs. »

Nous avons pensé que cette forme était précisément celle que Ernest Puton (2) avait indiquée dans les Vosges sous le nom d'*Helix glabella*, avec le nom de *Helix rufescens* Turt., *H. circinata* et *H. circinata var. montana* Stud., en synonymie. Mais M. le D\u02b3 Auguste Puton nous écrit qu'il ne trouve dans la collection de son père que deux boîtes avec l'étiquette *Helix rufescens* Turt., et en synonymie *H. glabella,* l'une portant la mention département du Nord, l'autre Boulogne. Il est donc impossible de dire aujourd'hui ce qu'était l'*Helix glabella* de Puton, et la forme vosgienne du groupe qui nous occupe est encore à étudier.

Description. — Coquille de taille moyenne, d'un galbe général globuleux, un peu conique, plus développée en dessus qu'en dessous, bien conique en dessus, assez bombée en dessous. — Test un peu mince, solide, passant du corné fauve un peu clair, au corné pâle, rarement monochrome, le plus souvent avec quelques vagues maculatures un peu foncées se détachant peu nettement sur un fond plus clair ; devenant opaque et blanchâtre après la mort de l'animal ; d'un facies un peu brillant aussi bien en dessus qu'en dessous ; stries longitudinales assez fines, serrées, plus régulières en dessous qu'en dessus, flexueuses, atténuées à la naissance de l'ombilic ; pourvue dans le jeune âge de poils fins, serrés, assez courts, très facilements caducs. — Spire assez haute, acuminée au sommet, composée de six tours bien étagés, à croissance progressive, lente et régulière, devenant un peu plus rapide à l'extrémité du dernier tour, et sur une faible longueur ; profil des tours bien arrondi ; dernier tour exac-

---

(1) S. Clessin, 1884. *Deutsch. Excur.-Moll.-Fauna,* 2ᵉ édit., p. 158, fig. 90.
(2) E. Puton, 1847. *Essai sur les mollusques terrestres et fluviatiles des Vosges,* p. 37.

tement rond, aussi renflé en dessus qu'en dessous, rarement orné d'une bande carénale un peu plus claire que le reste de la coquille, un peu supramédiane, plus ou moins visible sur la moitié ou les deux tiers du dernier tour à partir de sa naissance. — Insertion du bord supérieur de l'ouverture droite, rarement un peu tombante tout à fait à son extrémité et sur une faible longueur, chez quelques sujets très adultes. — Sommet saillant, lisse, brillant, de même teinte que le reste de la coquille, et souvent d'un corné plus pâle. — Suture peu profonde, mais bien accusée par le bombement des tours de la spire. — Ombilic relativement très petit, visible jusqu'au sommet, laissant voir l'avant-dernier tour sur une faible largeur et sur presque toute sa longueur, et beaucoup plus difficilement les tours précédents; non évasé à sa naissance. — Ouverture assez oblique, presque exactement circulaire, quoique pourtant un peu allongée dans le bas; portant à l'intérieur un bourrelet blanchâtre ou un peu roux, continu, mais plus accusé dans le bas que dans le haut. — Péristome discontinu, mince, droit, à bords faiblement convergents; bord supérieur très court, arrondi; bord externe exactement circulaire; bord inférieur un peu allongé vers la région ombilicale, surtout chez les sujets très adultes; bord collumellaire court, arrondi et légèrement réfléchi sur l'ombilic. — Épiphragme très mince, membraneux, opaque, d'un blanc sale, mat.

Dimensions. — Hauteur totale, 7 à 7 1/2 millimètres; diamètre maximum, 11 à 11 1/2 millimètres.

Observations. — L'*Helix submontana* est très constant et très régulier dans son allure; en dehors des variations dues à la coloration, nous ne voyons de modifications à signaler dans son galbe que celle qui provient du plus ou moins de conicité de la spire et celle qui résulte des variations de la dimension de l'ombilic. Si dans le type, l'ombilic est toujours étroit, plus étroit même que celui de l'*Helix montana*, il existe parfois des individus chez lesquels cet ombilic s'agrandit un peu à sa naissance, tout en restant cependant encore plus étroit, plus resserré que celui de l'*Helix montana*. C'est là un caractère important à signaler.

Rapports et différences. — L'*Helix submontana* est très voisin de l'*Helix montana*. Par cela même on le différenciera toujours des autres espèces que nous avons déjà décrites. Comparé à l'*Helix montana*, on le distinguera : à son galbe plus globuleux; à sa spire plus haute, avec le sommet plus saillant; à ses tours à profil plus arrondi, à son dernier tour

exactement arrondi ; aussi renflé en dessus qu'en dessous ; à son ouverture
encore plus circulaire ; etc.

Habitat. — L'*Helix submontana* nous paraît vivre dans les mêmes milieux que l'*Helix montana*, quoique beaucoup moins répandu. Nous le connaissons dans les stations suivantes : Bellegarde, le Colombier, Tenay,
Culoz, Seyssel, dans l'Ain ; la Grande-Chartreuse, les environs de Grenoble,
dans l'Isère ; Saint-Amour (1), Poligny, Nozeroy, dans le Jura ; Villaine
près de Rosières, dans l'Aube ; Neuf-Brisach, dans le Haut-Rhin. En Suisse,
dans la vallée du lac de Joux (2), dans le Jura vaudois et neuchâtelois ; etc.

HELIX CÆLATA, Studer.

Helix cœlata, Studer, 1790. *Fauna Helvetica, in* William Coxe, *Voyage en Suisse*, **III**,
        p. 430 (sans description).
—   *cælata*, Studer, 1820. *System. Verzeichn. Schweizer-Conch.*, p. 12. — *Kurz.*
        Verzeichn. Conch., p. 86.
—   *glypta*, P. Fagot, 1880. *In* Locard. *Et var. mal.*, I, p. 95.
—   *rufescens, pars auctorum, non* Pennant.

Historique. — Dans son premier mémoire publié en 1789 dans quelques exemplaires de l'édition anglaise du voyage en Suisse de William
Coke, et en 1790 dans l'édition française, Samuel Studer se borna, comme
nous l'avons précédemment expliqué (3), à citer l'*Helix cœlata (sic)*, sans
autre indication que ces mots « espèce nouvelle ». En 1820, dans son
catalogue nous retrouvons cette même espèce orthographiée *Helix cœlata* (4) avec les indications suivantes : « *Caelata, mihi. Auf dem Jura,
in Wäldern, an feuchten Felsen, hat ohngeachtet ihrer Querstreifen doch
noch einigen Glanz* », que nous traduisons : Sur le Jura, dans les forêts,
sur les rochers humides, a, outre ses stries transversales, un certain
brillant.

Telles sont les seules données qu'a laissées son auteur. Dans ces condi-

---

(1) En écrivant notre *Étude sur les variations malacologiques* nous avons dit que c'était
par erreur que l'*Helix submontana* avait été trouvé à Saint-Amour, dans le Jura. Depuis
cette époque nous avons été à même d'en affirmer la présence dans cette localité.

(2) Inscrit sous le nom de *Helix circinata (var. montana)* par Jeffreys dans la collection
des mollusques des cantons de Vaud et Valais donnée par lui en 1854 au musée de Lausanne.

(3) *Vide ante*, p. 6.

(4) Le mot *cœlata*, tout comme le mot *circinnata*, n'est point latin et constitue un *lapsus
calami* de la part de l'auteur ; comme on est toujours en droit de rectifier une faute d'ortho-
graphe dans une dénomination spécifique, il convient donc d'admettre uniquement les noms
de *cœlata* et de *circinata*.

tions, il n'est point surprenant de voir que le petit nombre des naturalistes qui ont parlé de cette espèce ont pu s'exposer à bien des mécomptes
en basant leurs déterminations sur une aussi pauvre diagnose. C'est
donc plutôt par tradition qu'ils ont pu en parler. Sans doute nous en
serions à notre tour réduit à une semblable extrémité, si nous n'avions
eu la bonne fortune de pouvoir étudier les types originaux qui ont servi
à Samuel Studer, types aujourd'hui conservés au musée de Berne, et que
M. Théophile Studer, son petit-fils, nous a si gracieusement communiqués.

Le carton de la collection de Samuel Studer, qui est accompagné de
l'étiquette *Helix cœlata*, porte six échantillons dont la taille varie de 8 1/2
à 10 millimètres en diamètre, pour 4 à 4 1/2 millimètres en hauteur; ce
qui caractérise plus particulièrement ces échantillons, c'est leur galbe
très déprimé, avec une spire très peu haute, un ombilic moyennement
ouvert, mais visible jusqu'au sommet de la coquille, et un dernier tour
pas très gros, plus bombé et surtout plus renflé en dessous qu'en dessus,
portant dans le haut une carène assez accusée à la naissance du tour et
très supérieure. Nous reviendrons du reste plus loin, avec tous les détails
nécessaires, sur cette description.

Tel sera donc désormais, pour nous, le seul et véritable type de l'*Helix
cœlata*. Or, cette même forme originale, nous la retrouvons non-seule-
ment dans plusieurs stations de la Suisse, mais même en France. Le professeur Mousson nous l'avait envoyée de Zurich et de Soleure; nous
l'avons également reçue de Donauwoerth en Bavière et de plusieurs localités de l'est de la France où elle paraît peu commune et un peu moins
typique à mesure que l'on s'éloigne du centre de la Suisse. C'est donc
en réalité une forme constante et parfaitement définie.

Sous ce même nom, M. S. Clessin nous a envoyé un échantillon provenant de Dilingen en Donau qui diffère notablement du type original
de Studer, tel que nous venons de l'établir; dans cet échantillon le dernier tour est beaucoup plus gros, plus arrondi, plus régulier dans son
profil, et l'ombilic est beaucoup plus ouvert. Nous retrouvons cette même
forme en France bien plus communément que la première, et c'est elle que
presque tous les auteurs ont désignée sous le nom d'*Helix cœlata* quoi
qu'elle en soit bien différente. Pour éviter désormais toute confusion,
nous maintiendrons à la forme très déprimée, avec ombilic moyen le nom
qui lui a été donné par Samuel Studer, et nous désignerons la forme à
dernier tour bien arrondi et à très grand ombilic, sous le nom d'*Helix
cœlomphala* qui la définit exactement.

Le nom d'*Helix cœlata* avait été également employé par Vallot dans
son catalogue descriptif (1) publié sans nom d'auteur et devenu fort rare
aujourd'hui. Ce nom s'appliquait à une tout autre forme plus ou moins
voisine de l'*Helix intersecta* (2). En présence de cette double dénomination, et pour éviter toute confusion, M. P. Fagot avait proposé de donner
le nom d'*Helix glypta* (3) à la forme de Studer. Or, le catalogue de Vallot porte la date des 2 et 3 fructidor, an IX, soit des 20 et 21 août 1801,
tandis que le nom d'*Helix cœlata* ou *cœlata*, confirmé par Studer en 1820,
avait été créé par lui, en réalité, dès 1789. Il n'y a donc pas lieu, d'après
les règles de la priorité, de modifier cette dénomination.

Quelques auteurs, croyant à la nécessité du démembrement du genre
Helix, ont proposé pour les espèces de ce groupe les nom de *Trichia* (4),
Brudybœna (5) ou *Fruticicola* (6). Qu'est-ce au juste que le *Bradybœna
cœlata* de Beck (7), ou le *Fruticicola cœlata* de Held (8) ? Nous ne saurions le dire, en présence de la confusion évidente qui s'est établie entre
le véritable *Helix cœlata* et l'espèce suivante. Il faudrait pour être fixé
remonter aux collections originales de ces deux auteurs, chose que,
avouons-le, nous n'avons même pas cherché à faire.

Description. — Coquille de taille assez petite, d'un galbe général très
déprimé, presque aussi développée en dessus qu'en dessous, légèrement
convexe en dessus, un peu bombée en dessous. — Test mince, assez solide,
semi-transparent, passant du roux corné pâle au fauve un peu foncé, parfois inégalement et irrégulièrement teinté, devenant d'un corné blanc
opaque après la mort de l'animal, un peu luisant en dessous, souvent
terreux en dessus, surtout dans le jeune âge ; stries longitudinales assez
fortes, très irrégulières, légèrement flexueuses, plus profondément burinées en dessus, surtout au voisinage de la suture, s'atténuant un peu en

(1) Vallot. *École centrale du département de la Côte-d'Or. Exercice d'histoire naturelle.
(Catalogue descriptif de soixante-deux mollusques terrestres et fluviatiles de la Côte-
d'Or)*, Dijon, an IX, 2 et 3 fructidor (20 et 21 août 1801), in-4, p. 8. Ouvrage publié sans nom
d'auteur.

(2) *Helix intersecta*, Poiret, 1801. *Coq. fluv. et terr. départ. de l'Aisne et aux environs
de Paris, Prodrome*, p. 81.

(3) *Helix glypta*, P. Fagot, 1880. *In* A. Locard, *Études sur les variations malacologiques*,
I, p. 95.

(4) *Trichia*, Hartmann, 1840. *Syst. Gast. Schweiz*, p. 125.

(5) *Bradybœna*, Beck, 1837. *Index molluscorum*, p. 18.

(6) *Fruticicola*, Held, 1837. *Aufzählung der in Bayern lebenden Mollusken, in Isis*, von
Oken, IV, p. 914.

(7) *Bradybœna cœlata*, Beck. *Loc. cit.*, p. 20.

(8) *Fruticicola cœlata*, Held. *Loc. cit.*, p. 914. — Albers, 1860. *Die Heliceen*, 2e édit., p. 104.

dessous, au voisinage de l'ombilic; dans le jeune âge quelques poils courts, assez flexueux, très facilement caducs. — Spire peu haute, un peu acuminée vers le sommet, composée de cinq tours et demi, à croissance lente et régulière, devenant un peu plus rapide seulement à l'extrémité du dernier tour; profil des tours bien convexe; dernier tour peu haut, arrondi en dessus, bien renflé en dessous, orné d'une ligne carénale peu accusée, souvent de coloration très pâle, mais toujours très supérieure, assez nette à l'origine du dernier tour, s'évanouissant à son extrémité. — Insertion du bord supérieur de l'ouverture légèrement tombante sur le dernier quart de sa longueur, de façon à devenir presque exactement médiane à son extrémité tout en étant nettement infracarénale. — Sommet légèrement déprimé, de même teinte que le reste de la coquille. — Suture assez profonde, bien accusée. — Ombilic moyen, visible jusqu'au sommet, à peine évasé à sa naissance, laissant voir l'avant-dernier tour sur presque toute sa longueur, mais sur une très faible largeur. — Ouverture assez oblique, largement ovalaire, un peu plus large que haute, arrondie dans le haut et vers le bord externe, légèrement aplatie dans le bas. — Péristome discontinu, mince, droit, à bords assez rapprochés, faiblement bordé à l'intérieur par un bourrelet d'un roux clair un peu rosé, plus épais en bas qu'en haut; bord columellaire très court, légèrement réfléchi sur l'ombilic. — Épiphragme très mince, membraneux, opaque, d'un blanc pâle un peu terreux.

Dimensions. — Hauteur totale, 4 à 4 1/2 millimètres; diamètre maximum., 8 1/2 à 10 millimètres.

Observations. — La description que nous venons de donner est faite sur les originaux de Samuel Studer; cependant elle s'applique également à un grand nombre d'individus identiques de Suisse, de France et d'Allemagne. Malgré cela, il existe chez cette espèce un certain nombre de variations qu'il importe de noter.

Le type, tel que nous venons de le voir, est de taille assez petite. Nous rattachons à cette même espèce, sous le nom de *var. major*, une forme que nous avons reçue à plusieurs reprises de la Suisse, notamment du val de Travers et du Jura neuchâtelois, et que nous avons également retrouvée en France. Cette variété, de taille notablement plus forte, mesure jusqu'à 12 millimètres de diamètre, tandis que son ombilic ne dépasse pas 1 millimètre et demi dans sa plus grande dimension. En revanche, nous trouvons en France des individus également très typiques mais dont le diamètre ne dépasse pas 7 millimètres, même chez des individus parfaitement adultes. Nous en ferons notre *var. minor*.

Il est à remarquer que chez l'*Helix cœlata*, comme chez la plupart des *Helix* de forme déprimée et à enroulement rapide, la superposition normale des tours présente souvent un peu d'irrégularité; il semble que ces tours, gênés dans leur croissance, éprouvent de la difficulté à se soumettre à un enroulement aussi étroit; de là une tendance à un léger chevauchement en hauteur qui paraît assez fréquent mais, qui ne constitue en somme que des anomalies purement individuelles.

Chez l'*Helix cœlata*, la ligne carénale existe toujours, mais elle est plus ou moins accusée. En général, on l'observe tout aussi bien dans les *var. major* ou *minor* que dans le type ; mais souvent elle est surtout caractérisée par une bande blanchâtre ou d'un corné plus clair que la coquille, toujours très étroite, bien visible à la naissance du dernier tour, et tendant à disparaître, dès la moitié de la longueur de ce tour, pour faire totalement défaut à l'extrémité. Cependant nous avons observé des colonies chez lesquelles cette bande carénale était visible en dedans comme en dehors de la coquille, sur tout le pourtour du dernier tour. Nous désignerons cette variété sous le nom de *var. zonata*.

Les stries sont également très variables dans leur allure, non seulement sur un même sujet, mais encore suivant les milieux ; le type de Studer est fortement buriné ; dans la *var. major*, ces stries sont au contraire très atténuées, tandis que chez la plupart de nos sujets français, elles sont notablement plus fines et plus régulières. De telles variations sont évidemment le fait d'une influence locale ; mais il importe d'en tenir compte dans la détermination spécifique. Enfin la coloration, comme on a pu le voir dans la description, est très variable. Il existe des *var. rufescens, cornea, luteolina* et *albida*, suivant les localités.

Rapports et différences. — Avec son galbe déprimé, l'*Helix cœlata* ne peut être confondu qu'avec l'*Helix striolata*, parmi les espèces que nous avons étudiées jusqu'à présent. On le distinguera toujours très facilement : à sa taille notablement plus petite ; à sa spire encore moins haute ; à son ombilic beaucoup moins ouvert ; à sa ligne carénale toujours moins accusée et encore plus supérieure ; à son test proportionnellement plus buriné, plus irrégulièrement striolé ; etc.

Habitat. — L'*Helix cœlata* est une forme peu commune. Il vit à des altitudes moyennes, sur les arbrisseaux, le long des routes et dans les fentes

des rochers, sans trop rechercher l'humidité. Nous le connaissons dans les
stations suivantes : Soleure et Berne en Suisse (1) ; Regensburg, en Bavière.
En France dans l'est et le nord ; Grenoble, Sassenage, la Grande-Chartreuse, dans l'Isère ; les environs de Lyon et les alluvions du Rhône ; Belley
(*var. major*), Hauteville, la Chartreuse-de-Portes, dans l'Ain ; Châtillon-
sur-Seine, dans la Côte-d'Or ; Dinan, dans les Côtes-du-Nord ; etc.

HELIX CŒLOMPHALA, Locard.

Helix cælata, J. de Charpentier, 1837. *Catal. Moll Suisse*, p. 11, pl. I, fig. 13, *a, b, c (non*
        Studer).
Fruticicola cælata, S. Clessin. 1874. *In Jahrbüch. Malak.*, p. 187, pl. VIII, fig. 8. — 1876.
        Deutsche Excursions-Mollusk.-Fauna, p. 115, fig. 63. — 1884. 2e édition,
        p. 154, fig. 84.
Helix gratianopolitana (pars), Rambur, 1866. *In Journ. Conch.*, XVII, p. 267.
    —   *striolata (pars)*, Locard, 1882. *Prodr. de malac. franç.* p. 80.
    —   *rufescens* et *cælata*, *pars auctorum, sed non* Pennant, *nec* Studer.

HISTORIQUE. — Comme nous l'avons expliqué dans l'historique de l'espèce précédente, deux formes bien distinctes ont été confondues sous le
nom d'*Helix cælata :* l'une, le véritable type de Studer, que nous venons de
décrire ; l'autre, que nous inscrivons sous le nom d'*Helix cœlomphala*,
pour faire ressortir les caractères si nettement accusés de son ombilic.

C'est évidemment cette dernière forme qui a été figurée par de Charpentier, dans son Catalogue des Mollusques de la Suisse ; c'est elle également que M. S. Clessin a décrite et figurée sous le nom d'*Helix cælata ;*
c'est encore elle dont parle, sous ce même vocable, M. Agardh Westerlund, puisqu'il la définit : « *T. late umbilicata* » (2).

Sous le nom d'*Helix Gratianopolitana*, Rambur a signalé, dans le *Jour-
nal de conchyliologie*, une forme déjà envisagée par Albin Gras, sous le
nom d'*Helix glabella*. D'après les types de Rambur qui nous ont été communiqués par son parent, M. J. Mabille et par M. Bourguignat, nous avons
pu nous assurer que cette dénomination se rapportait à de jeunes individus
pouvant appartenir les uns à l'*Helix cœlomphala*, les autres aux *Helix Isarica* et *H. clandestina* dont il sera parlé plus loin.

Nous basant sur l'allure très déprimée de la coquille et sur les dimen-

---

(1) M. Regensperger dans son catalogue des mollusques des environs de Berne ne fait pas
mention de cette espèce. M. le professeur Théophile Studer dans son travail *Die Mollusken
der nächsten Umgebung von Bern* indique ainsi l'*Helix cælata* : Scheint auf die Abhänge
des Jura beschränkt zu sein. Chasseral, Schuttlenworth.
(2) Carl Agardh Westerlund, 1876. *Fauna europæa Moll. Prodromus*, p. 47.

sions de son ombilic, nous avions cru devoir, dans notre *Prodrome*, rapprocher l'*Helix cœlata* de l'*Helix striolata* de C. Pfeiffer. Aujourd'hui, possédant des matériaux beaucoup plus complets qu'à cette époque et des types absolument authentiques de ces deux espèces, nous reconnaissons qu'il y a lieu de les séparer complètement.

Description. — Coquille de taille assez petite, d'un galbe général bien déprimé, plus développée en dessous qu'en dessus, légèrement convexe en dessus, bien bombée en dessous. — Test mince, assez solide, semi-transparent, passant du corné clair au roux fauve un peu foncé, irrégulièrement teinté, devenant d'un corné blanc opaque après la mort de l'animal; le plus souvent luisante en dessus et surtout en dessous; stries longitudinales très fines, assez régulières, un peu flexueuses, très rapprochées, à peine un peu moins accusées en dessous qu'en dessus, devenant obsolètes vers l'ombilic; dans le jeune âge, pourvue de poils courts, très nombreux, facilement caducs. — Spire peu haute, à peine acuminée vers le sommet, composée de six tours à croissance très lente, très régulière chez les premiers tours, un peu plus rapide au dernier; profil des tours bien arrondi; dernier tour bien haut, à profil arrondi dans son ensemble, un peu plus renflé en dessous qu'en dessus, orné d'une ligne carénale très émoussée, supra-médiane, marquée à l'origine du dernier tour sur un quart au plus de sa longueur, le plus souvent simplement accusée par une bande blanchâtre, étroite, se perdant dans le reste du test au voisinage de l'ouverture; insertion du bord supérieur de l'ouverture ordinairement assez fortement tombante à son extrémité, sur une faible longueur, de façon à devenir médiane à la naissance de l'insertion. — Sommet faiblement accusé, un peu déprimé, de même coloration que le reste de la coquille. — Suture profonde, régulière, bien accusée. — Ombilic très grand, bien visible jusqu'au sommet, assez évasé au dernier tour, mais avec une grande régularité, laissant voir facilement la totalité de l'enroulement interne des tours sur une largeur progressivement de moins en moins grande. — Ouverture assez oblique, presque arrondie, à peine un peu plus large que haute, légèrement aplatie dans le bas. — Péristome discontinu, mince, droit, à bords assez rapprochés, faiblement bordé à l'intérieur par un bourrelet blanchâtre, non visible en dehors, à peine accusé dans le haut; bord columellaire court, très légèrement réfléchi sur l'ombilic. — Épiphragme très mince, membraneux, opaque, d'un blanc pâle un peu terreux.

DIMENSIONS. — Hauteur totale, 4 à 4 1/2 millimètres ; diamètre maximum, 9 à 10 millimètres.

OBSERVATIONS. — Tout ce que nous avons dit à propos des variations de l'*Helix cœlata* peut également s'appliquer à notre *Helix cœlomphala*. Ces deux formes, quoique pourtant bien différentes comme galbe et comme allure, présentent à peu près les mêmes variations. Nous établirons donc pour cette espèce comme pour la précédente, les *var. major, minor, zonata, rufescens, cornea, luteolina* et *albida ;* nous y ajoutons la *var. rotundata* dans laquelle le dernier tour est complètement arrondi, sans trace d'aucune carène, même à la naissance du dernier tour.

RAPPORTS ET DIFFÉRENCES. — On a jusqu'à présent confondu, comme nous l'avons vu, l'*Helix cœlata* avec l'*Helix cœlomphala*. On distinguera donc notre nouvelle espèce du type de Studer : à son ombilic beaucoup plus grand, laissant bien voir la totalité des tours dans leur enroulement interne depuis l'origine jusqu'à l'extrémité ; à son dernier tour toujours plus haut, plus gros, plus renflé ; à sa carène notablement moins accusée, souvent même complètement nulle ; à son ouverture plus arrondie ; à son test notablement plus finement et plus régulièrement strié ; à son aspect généralement plus brillant, avec des poils plus facilement caducs dans le jeune âge ; etc.

Comparé aux autres formes déprimées de ce même groupe, on le reconnaîtra toujours très facilement puisque c'est lui qui a le plus grand ombilic. Chez les sujets mesurant de 9 à 10 millimètres de diamètre, cet ombilic atteint facilement 2 millimètres.

HABITAT. — L'*Helix cœlomphala* nous paraît plus répandu que l'*Helix cœlata*, notamment en France ; il vit dans les milieux frais, ombragés, sur les plateaux des pays calcaires, surtout dans l'est de la France. Nous l'avons reçu du Righi, de Zurich, Lucerne, Weissenstein, du Jura neuchâtelois, en Suisse ; de Dillingen près Saarlouis, en Prusse ; de Günsburg et Dinkelsbuhl en Bavière ; etc. — En France nous avons constaté sa présence : aux environs d'Annecy, de Chambéry, d'Aix-le-Bains, de Mouxy, d'Albertville dans la Savoie ; aux alentours de Grenoble, Sassenage, Saint-Martin-le-Vinoux, Allevard-les-Bains, la Grande-Chartreuse, le Sappey, Voreppe, dans l'Isère ; Barcelonnette, dans les Hautes-Alpes ; les environs de Lyon, les alluvions du Rhône au nord de Lyon, les Brotteaux, Sathonay, la Pape, etc., dans le département du Rhône ; Laumusse, le Bugey, les alluvions du Suran, dans l'Ain ; Bief du Fourg, Saint-Claude, Poligny, dans le Jura ; Châtillon-sur-Seine, dans la Côte-d'Or ; les environs de Paris ; Bionville, près Metz ; Brest, dans le Finistère ; etc.

HELIX CÆLATINA, Locard.

Fruticicola rufescens, var. Danubialis (pars), S. Clessin, 1874. *In Jahrbüch Malak.*, p. 184, pl. VIII, fig. 4. — 1876. *Deutsche Excursions-Mollusk.-Fauna*, p. 119, fig. 66. — 1884. 2e édit., p. 158, fig. 87.

HISTORIQUE. — La forme que nous nous proposons de décrire sous le nom d'*Helix cœlatina* est, dans son ensemble, intermédiaire comme allure d'ombilic entre l'*Helix cœlata* et l'*H. cœlomphala*, mais avec une spire beaucoup plus haute. Elle a dû souvent être confondue avec la variété *Danubialis* de l'*Helix rufescens* instituée par M. S. Clessin, précisément à cause de l'élévation de sa spire. Cependant nous possédons de beaux échantillons de cette variété, provenant de la station type de Dillingen en Donau et nous constatons que par leur galbe général, par l'allure de leur ombilic, ces échantillons ont beaucoup plus d'affinité avec l'*Helix montana* dont ils représentent, pour nous, une variété bien définie, qu'avec les *Helix cœlata* ou *H. cœlomphala*.

DESCRIPTION. — Coquille de taille assez petite, d'un galbe général sub-conique-déprimé, un peu plus développée en dessus qu'en dessous, convexe-conique en dessus, bien bombée en dessous. — Test mince, assez solide, semi-transparent, passant du corné fauve un peu clair au roux foncé ; irrégulièrement et inégalement teinté, devenant d'un corné blanc après la mort de l'animal, le plus souvent un peu luisante, et plutôt en dessous qu'en dessus ; stries longitudinales fines, assez régulières, un peu flexueuses, très rapprochées, à peine un peu moins accusées en dessous qu'en dessus, devenant obsolètes vers l'ombilic ; dans le jeune âge, pourvue de poils courts, nombreux, facilement caducs. — Spire assez haute, mais non acuminée vers le sommet, composée de cinq tours et demi, à croissance lente et régulière, devenant un peu plus rapide sur tout le dernier tour et même une partie de l'avant-dernier ; profil du tour bien arrondi ; dernier tour assez haut, plus renflé en dessous qu'en dessus, orné d'une ligne carénale légèrement supra-médiane peu accusée,

visible seulement sur la moitié du tour à partir de sa naissance, presque
toujours indiquée par une bande blanchâtre, étroite, se confondant avec
le reste du test dans le voisinage de l'ouverture ; insertion du bord supérieur de l'ouverture un peu tombante à son extrémité et sur une faible
longueur, de façon à devenir médiane ou très faiblement infracarénale à
la naissance de l'ouverture. — Sommet légèrement accusé, non déprimé,
faiblement obtus, de même coloration que le reste de la coquille. —
Suture bien accusée, régulière, assez profonde. — Ombilic moyen, visible jusqu'au sommet de la coquille, à peine évasé à sa naissance, laissant
voir au moins la totalité de l'avant- dernier tour, mais sur une très faible
largeur. — Ouverture assez oblique, légèrement ovalaire, un peu plus
large que haute, arrondie dans le haut et sur le bord externe, légèrement
aplatie dans le bas. — Péristome discontinu, mince, droit, à bords un
peu rapprochés, soutenu dans l'intérieur par un mince bourrelet blanchâtre, un peu plus saillant dans le bas que dans le haut, non visible en
dehors ; bord columellaire court, très légèrement réfléchi sur l'ombilic. —
Épiphragme très mince, membraneux, opaque, d'un blanc pâle un peu
terreux.

Dimensions. — Hauteur totale, 5 à 7 millimètres ; diamètre maximum, 8
à 10 millimètres.

Observations. — Comme on a pu le voir, d'après cette description,
notre *Helix cœlatina* participe à la fois des *Helix cœlata* et *H. cœlomphala ;*
cependant ses caractères sont tellement précis, tellement bien définis que
nous n'avons pas hésité à l'ériger au rang d'espèce bien distincte ; ses
caractères varient peu, si ce n'est la taille qui, bien entendu se modifie
suivant les milieux. Les poils, chez cette espèce, nous semblent un peu
moins facilemect caducs que chez les formes précédentes ; aussi ne serions-
nous pas surpris de voir qu'elle a pu être confondue avec quelques
formes plus ou moins affines du groupe de l'*Helix hispida*. Toutefois il
suffit d'examiner l'allure de son ombilic et le mode d'enroulement des
tours de la spire pour voir qu'une telle forme appartient bien au groupe
qui nous occupe.

La taille, chez cette espèce, présente quelques variations importantes à
signaler. M. Bourguignat nous a communiqué une *var. minor*, récoltée à
Mouxy, près d'Aix-les-Bains, en Savoie, et à Bizouls-les-Combes dans les
Hautes-Alpes, et dont le diamètre maximum ne dépasse pas 6 à 7 millimètres.

RAPPORTS ET DIFFÉRENCES. — On distingue toujours très facilement l'*Helix cœlatina* des *Helix cœlata* et *H. cœlomphala*, à son galbe très notablement plus conique, alors que ces deux autres formes sont toujours déprimées. Son ombilic offre une grande analogie avec celui de l'*Helix cœlata*, mais le reste de la coquille s'en distingue : par le dernier tour plus gros, avec une carène moins supérieure, quoique étant toujours supra-médiane ; par ses autres tours plus saillants, plus convexes ; par sa suture moins profonde ; par son sommet moins déprimé ; etc.

On le distinguera, à fortiori, encore plus aisément de l'*Helix cœlomphala*, à sa spire plus haute, à son sommet moins déprimé, à son ombilic notablement plus petit, à son dernier tour portant une carène moins supérieure, à son ouverture moins arrondie, etc.

Parmi les *Helix* du groupe de l'*Helix hispida*, celui qui, par son ombilic, présenterait le plus d'analogie avec notre *Helix cœlatina* paraît être l'*Helix concinna* de Jeffreys (1). On distinguera toujours l'*Helix cœlatina* : à son ombilic un peu moins ouvert, laissant voir l'avant-dernier tour sur une moins grande largeur ; à son galbe notablement moins globuleux ; à sa taille presque toujours plus grande ; à son ouverture un peu moins arrondie ; à son bourrelet interne plus accusé à l'âge adulte ; à son péristome moins réfléchi sur l'ombilic ; etc.

HABITAT. — L'habitat de l'*Helix cœlatina* paraît avoir à peu près la même extension que celui des espèces précédentes ; cependant nous croyons remarquer que cette espèce descend souvent à de plus faibles altitudes hors de France ; nous en avons constaté la présence : à Soleure, à Zurich aux environs de Genève, et dans le canton de Saint-Gall, en Suisse. — En France nous le connaissons dans les stations suivantes : la Grande-Chartreuse, Saint-Martin-le-Vinoux, les environs de Grenoble, Sassenage, dans l'Isère ; Mouxy près d'Aix-les-Bains, en Savoie ; Bizouls-les-Combes, dans les Hautes-Alpes ; Vancia, les alluvions du Rhône au nord de Lyon, dans le Rhône ; Poligny, dans le Jura ; Phalsbourg et Lunéville dans la Meurthe ; Issoudun, dans l'Indre ; Cherbourg, dans la Manche ; Brest, dans le Finistère ; etc.

(1) *Helix concinna*, Jeffreys, 1830. *In Trans. Linn. soc.*, XVI, p. 336. — 1862. *Brit. Conch.* I, p. 196, pl. XII, fig. 2.

4

HELIX CLANDESTINA, Hartmann.

Helix corrugata, var. α, *H. clandestina*, Hartmann, 1821. *In Neue Alpina*, I, p. 236.
Trichia circinnata, clandestina, Hartmann, 1844. *Erd- und Suss.-Gast. Schweiz*, p. 125,
    pl. XXXVIII.
Theba clandestina, Gray, 1850. *Fig. Moll. Anim.*, pl. CXLII, fig. 5.
Helix montana, H. Drouët, 1868. *Moll. Côte-d'Or, In Mém. acad. Dijon*, p. 81 (tir. à part,
    p. 49).
   —   *Gratianopolitana (pars)*, Rambur, 1869. *In Journ. conch.*, XVII, p. 267.
   —   *clandestina*, S. Clessin, 1874. *In Jahrbüch.*, p. 182, pl. VIII, fig. 3. — A. Locard,
    1880. *Et. sur les variat. malac.*, I, p. 97. — A. Locard, 1882. *Prodr. malac.
    franç.*, p. 80.
Fruticicola rufescens, var. *clandestina*, S. Clessin, 1876. *Deutsch. Excurs.-Fauna*, p. 118,
    fig. 65. — 1884, 2e édit., p. 157, fig. 86. — 1887. *Moll. Ungarns u. d. Schweiz*,
    p. 130.

HISTORIQUE. — C'est, croyons-nous, en 1821 qu'apparaît pour la première fois le nom de *H. clandestina*. A cette époque, Hartmann, son auteur, en faisait la première variété de son *Helix corrugata* (1). Plus tard, en 1844, le même auteur nous donne des détails plus circonstanciés sur cette même forme qu'il élève au rang d'espèce, et nous apprend que de Born le premier la lui a fait connaître sous ce même nom. Mais, comme l'a très judicieusement fait observer M. S. Clessin (2), Hartmann a confondu sous cette même dénomination deux formes différentes. Hartmann affirme ne connaître aucun spécimen original de de Born, et encore moins son ouvrage; il aurait reçu cette coquille provenant d'une ancienne collection, avec l'étiquette « *Helix clandestina* de Born », comme originaire de Vienne en Autriche; c'est d'après ce type qu'il aurait donné la même dénomination à ses échantillons récoltés en Suisse.

« Dans la vallée du Danube, dit M. S. Clessin, un peu en deçà d'Ulm, on trouve, dans les forêts qui bordent le fleuve, une coquille appartenant au groupe qui nous occupe. J'ai d'abord pris cette coquille, remarquable par sa couleur et même souvent complètement blanche, pour l'*Helix clandestina* de Hartmann, avant d'avoir reçu les spécimens de M. Mousson (spécimens provenant de Zurich). Mais en la comparant avec la coquille suisse, je pus immédiatement me convaincre que j'étais dans l'er-

---

(1) Lister, 1678. *Hist. anim. Angliæ*, p. 125, pl. II, fig. 12. — Quelques auteurs rapportent également à cette même forme la figuration donnée par Lister dans son *Hist. syn. méth. conchyliorum*, pl. LXXI, fig. A, qui présente plus d'analogie, d'après la forme de l'ombilic, avec l'*Helix rufescens* type, qu'avec l'*Helix striolata*.

(2) S. Clessin, 1875. *In Jahrbüch. Malak. Gesellsch.*, p. 182.

reur. Il me paraît beaucoup plus probable que la coquille claire de la
vallée du Danube est celle que de Born a nommée *clandestina*, d'autant
plus que cette coquille danubienne suit le cours du fleuve et va presque
jusqu'en Serbie. Cependant, comme l'*Helix clandestina* a déjà été dési-
gné sous ce même nom par Hartmann, et que de Born n'a donné aucune
indication précise sur son espèce, je trouve plus sage, afin d'éviter toute
confusion, de laisser à la coquille suisse son nom, et de donner à la coquille danubienne une dénomination nouvelle. »

La forme signalée par de Born a donc été décrite par S. Clessin sous le
nom d'*Helix Danubialis* (1). Nous avons eu entre les mains les types de
M. S. Clessin, et d'autres formes qui nous ont été également communi-
quées par M. Mousson, et nous ne pouvons qu'approuver la manière de
voir de M. S. Clessin. Malheureusement, après avoir ainsi érigé au rang
d'espèce ces deux formes si distinctes, M. S. Clessin est revenu plus
tard sur cette première manière d'envisager la question, et a classé
au rang de variété du *Fruticicola rufescens* ses *Helix clandestina* et *H. Danubialis*.

Dans un autre passage, Hartmann dit que C. Pfeiffer a si clairement
décrit son *Helix clandestina* sous le nom de *Helix montana* (2), que l'on
peut admettre sans hésitation Heidelberg comme habitat allemand de son
espèce. Comme l'a encore fait observer M. S. Clessin, Hartmann est
arrivé à cette conclusion parce que C. Pfeiffer cite Vienne en même temps
que Heidelberg comme habitat de son *Helix montana*. Hartmann est dans
l'erreur, car le véritable *Helix clandestina* est une coquille à peu près
exclusivement particulière au Jura et à ses dépendances.

L'*Helix clandestina*, qui vit tout aussi bien en France qu'en Suisse,
a été presque toujours confondu avec d'autres formes appartenant à ce
même groupe. Barbié, dans son Catalogue de la Côte-d'Or, le désignait
sous le nom d'*Helix glabella* (3). Nous avons vu précédemment que
M. H. Drouët l'avait confondu avec l'*Helix montana* (4). Dupuy la réunit
à son *Helix rufescens* (5). Moquin-Tandon n'en fait même pas mention.

C'est peut-être aussi cette même forme que l'on doit voir dans l'Atlas

<hr>

(1) *Helix Danubialis*, S. Clessin, 1874. *In Jahrbüch. malak. Gesell.*, p. 184, pl. VIII, fig. 4
— 1876. *Deutsche Excursions-Moll.-Fauna*, p. 119, fig. 66. — 1884. 2e édition, p. 157, fig. 87.
(2) Hartmann, 1844. *Erd- und Süss.-Gaster. Schweiz*, p. 129.
(3) Auguste Barbié, 1852. *Catalogue méthodique des mollusques terrestres et fluviatiles
de la Côte-d'Or, in Mém. acad. Dijon*, p. 177, (tirage à part, p. 13).
(4) H. Drouët, 1858. *Moll. Côte-d'Or, In Mém. acad. Dijon*, p. 81 (tirage à part, p. 49).
(5) Dupuy, 1848. *Hist. Moll.*, p. 194.

de Ludovic Pfeiffer, dans les suites de Martini et de Chemnitz (1). Quoique ces dessins soient aussi mauvais que possible, ils semblent pourtant rappeler un peu les figurations de Hartmann. Nous ne les indiquons que pour mémoire.

Sous le nom d'*Helix rufescens*, M. le Dr Kobelt (2) a décrit et figuré une forme que nous croyons encore pouvoir rapprocher de l'*Helix clandestina* tel que nous allons le décrire, quoique la figuration qu'il en donne laisse beaucoup à désirer et que dans sa description il reste dans des termes par trop vagues. Sa synonymie, du reste, nous autorise à faire ce rapprochement. Il est très probable que les deux dessins ombrés représentent l'*Helix clandestina*, tandis que le dessin en traits se rapporte plutôt à l'*Helix montana*.

Enfin, ainsi que nous avons pu nous en assurer par l'étude des types qui font aujourd'hui partie de la collection de M. J. Mabille, Rambur a décrit, sous le nom de *Helix Gratianopolitana*, de jeunes individus de l'*Helix clandestina*, récoltés aux environs de Grenoble.

Description. — Coquille de taille assez petite, d'un galbe général déprimé, à spire peu haute, un peu plus développée en dessous qu'en dessus, faiblement convexe en dessus, assez bombée en dessous. — Test mince, solide, semi-transparent, d'un corné clair, devenant rarement roux fauve, quelquefois presque blanchâtre, irrégulièrement coloré, vaguement flammulé, avec des teintes un peu plus foncées se détachant difficilement sur un fond plus clair; devenant d'un blanc corné opaque après la mort de l'animal; d'un aspect un peu terne, plutôt chatoyant que brillant ; stries longitudinales très fines, très serrées, un peu irrégulières, peu profondément burinées, légèrement flexueuses, presque aussi fortes en dessus qu'en dessous, atténuées à la naissance de l'ombilic; dans le jeune âge pourvu de poils courts, espacés, laineux, facilement caducs. — Spire déprimée très faiblement acuminée vers le sommet, composée de six tours à croissance irrégulière; les deux ou trois premiers tours à croissance lente et progressive, devenant plus rapide au quatrième ou au cinquième tour pour s'accroître encore considérablement au moins dans la dernière moitié du dernier tour; profil des tours légèrement convexe; dernier tour plus haut, notablement plus renflé en dessous qu'en

---

(1) L. Pfeiffer, 1846. *Syst. conch. cab.*, *genre Helix*, p. 11, pl. XVI, fig. 11 et 12.

(2) Wilhem Kobelt. *Fauna der Nassauischen Mollusken*, p. 113, pl. I, fig. 31, avec la synonymie suivante : *Syn. Hel. circinata* Studer, *montana* C. Pfeiffer, *clandestina* Born.

dessus, s'arrondissant vers son extrémité, portant l'indication d'une carène très émoussée, parfois même nulle, visible seulement à la naissance
du dernier tour et sur une faible longueur, située dans le haut, et souvent
simplement accusée par une bande étroite de couleur encore plus pâle
que le reste de la coquille. — Insertion du bord supérieur de l'ouverture
presque droite, à peine tombante à son extrémité chez les sujets très
adultes, suivant presque toujours la ligne carénale ou à peine un peu
inférieure à elle sur une très faible longueur. — Sommet peu saillant,
lisse, brillant, souvent de coloration un peu plus pâle que le reste de la
coquille. — Suture assez profonde, bien accusée. — Ombilic étroit,
visible jusqu'au sommet, très fortement évasé au dernier tour, de telle
sorte que ce tour, à sa naissance dans l'ombilic, paraît sensiblement égal
au diamètre de l'ombilic, et que l'avant-dernier tour est visible sur presque toute sa longueur, mais sur une faible largeur. — Ouverture assez
oblique, bien arrondie, à peine un peu plus large que haute, faiblement
arrondie dans le haut, bien circulaire vers le bord extérieur, légèrement
méplane dans le bas, portant à l'intérieur un bourrelet blanchâtre continu, mince, peu saillant, plus fort dans le bas que dans le haut. — Péristome discontinu, mince, droit, à bord assez rapprochés, convergents; bord
supérieur très court; bord collumellaire assez développé, à peine réfléchi
sur l'ombilic. — Épiphragme très mince, membraneux, opaque, d'un
blanc bleuâtre, mat.

Dimensions. — Hauteur totale, 4 3/4 à 5 millimètres; diamètre maximum, 9 1/2 à 10 1/2 millimètres.

Observations. — L'*Helix clandestina* est une des formes les plus ca -
ractérisées du groupe qui nous occupe; aussi sommes-nous fortement
surpris de voir qu'un aussi petit nombre de naturalistes lui ait accordé la
place qu'il mérite réellement dans la classification. Il a été bien décrit et
bien figuré par Hartmann (1); pourtant nous lui reprocherons d'avoir représenté dans sa figure 1 une forme beaucoup trop haute, à spire beaucoup
trop conique, et qui n'est pas en rapport avec la description qu'il en
donne. Les figurations schématiques (2) de M. S. Clessin sont, à ce point
de vue, plus exactes. Nous avons reçu soit de M. Mousson, soit de
M. S. Clessin, soit encore d'autres naturalistes, différents sujets de cette

(1) Hartmann, 1844. *Erd- und Süss.-Gast. Schweiz*, pl. XXXVIII.
(2) S. Clessin, 1874. *In Jahrbüch.*, pl. VIII, fig. 3.

élégante forme et ils sont bien conformes, non seulement aux descriptions et figurations que nous venons d'indiquer, mais encore entre eux, de telle sorte que les variations inhérentes à cette espèce sont en somme peu nombreuses.

Chez l'*Helix clandestina*, la carène est en général très émoussée ; parfois elle est complètement nulle, et pas même indiquée par une bande un peu plus faiblement colorée que le reste du test. Quand elle subsiste, elle est peu développée et ne dépasse jamais la moitié de la longueur du dernier tour compté à partir de sa naissance. Il existe une *var. depressa* dans laquelle le dernier tour est relativement plus mince et chez laquelle la ligne carénale, quoique toujours faiblement accusée, est un peu supérieure.

On remarquera chez cette espèce l'allure si particulière de l'ombilic. Cet ombilic est étroit et va jusqu'au sommet de la coquille ; son diamètre est tel qu'on ne peut distinguer facilement que l'avant-dernier tour dans sa profondeur, et sur une faible largeur ; mais au dernier tour l'ombilic, à l'inverse de ce que nous voyons chez les autres espèces de ce même groupe, s'évase de telle manière que vers le point d'insertion du bord columellaire de l'ouverture, le dernier tour présente dans l'ombilic une largeur très sensiblement égale au reste du diamètre de l'ombilic mesuré dans cette même région.

Il existe chez cette espèce des variétés *major* et *minor*. Nos plus grands échantillons atteignent 12 millimètres de diamètre, tandis que les plus petits ne dépassent pas 9 millimètres. Nous retrouvons ces deux formes dans le département de l'Ain.

Quoi qu'on en ait dit, la coloration est très variable chez l'*Helix clandestina*. Nous avons reçu des environs de Grenoble, dans l'Isère, des individus presque régulièrement flammulés d'un brun roux un peu clair sur un fond corné ; le plus souvent, notamment dans la Côte-d'Or, la coloration du test est d'un corné très pâle, passant du jaune clair au blanc, mais parfois aussi, comme dans la Drôme, on rencontre des colonies dont la couleur est d'un fauve roux assez foncé, devenant plus brillant. Nous distinguerons donc, chez l'*Helix clandestina*, les *var. ex colore :* *flammea, cornea, grisea, albida* et *rufula*.

RAPPORTS ET DIFFÉRENCES. — Cette espèce est si nettement distincte de celle qui précède qu'il nous paraît à peine nécessaire d'insister sur ses rapports et différences. Son galbe déprimé la distingue de suite des *Helix rufes-*

cens, H. abludens, H. montana et *H. submontana ;* sa petite taille la sépare
de l'*Helix striolata ;* enfin son ombilic étroit, si particulièrement évasé, ne
permet pas de la confondre avec les *Helix cœlata, H. cœlatina* et *H. cœlomphala.*

HABITAT. — L'*Helix clandestina* est peu répandu ; nous ne le connaissons qu'en Suisse et dans l'est de la France, vivant à une altitude d'autant plus élevée qu'il fréquente des régions plus méridionales ; c'est ainsi
que nous le voyons passer des prés et des jardins dans les stations relativement assez basses comme Darcey et Châtillon-sur-Seine, dans la
Côte-d'Or, à des altitudes de 1300 à 1700 mètres, comme au Roc de
l'Épinet et au Glandaz, près de Die, dans la Drôme. Nous l'avons observé dans les localités suivantes : en Suisse, à Zurich, Lucerne, Beken-
ried, Küssnacht, et dans le val de Travers. — En France, aux environs de
Grenoble, à la Grande-Chartreuse, etc., dans l'Isère ; Belley, le Colombier,
la Chartreuse-de-Porte, l'Aumusse, etc., dans l'Ain ; les alluvions du
Rhône au nord de Lyon ; le mont Guérin, Salins, etc., dans le Jura ; Châtillon-sur-Seine, Buncey, Darcey, etc., dans la Côte-d'Or ; le Glandas,
le Roc de l'Épinet, etc., dans la Drôme.

HELIX ISARICA, Locard.

Helix glabella, A. Gras, 1840. *Moll. Isère*, p. 33, n° 23, pl. II, fig. 25 *(non* Drap.).
  —   *Gratianopolitana*, Locard, 1880. *Et. variat. malac.*, I, p. 101.
  —   *Isarica*, Locard, 1882. *Prodr. malac. franç.*, p. 319.

HISTORIQUE. — Sous le nom d'*Helix glabella*, Albin Gras a décrit et soi-
gneusement figuré une forme voisine de l'*Helix clandestina*, mais bien
différente de l'*Helix glabella* de Draparnaud (1), puis qu'il est aujourd'hui
reconnu que cette dernière espèce appartient au groupe de l'*Helix carthusiana* (2). En 1880 nous avions confondu cette forme avec l'*Helix Gratianopolitana* de Rambur. Mais depuis lors ayant été à même d'étudier ces différents types plus complètement, nous avons été conduit à réunir le véritable *Helix Gratianopolitana* aux *Helix clandestina* et *H. cœlomphala* et
à donner un nom nouveau à la forme sommairement décrite par Albin

---

(1) *Helix glabella*, Draparnaud, 1801. *Tabl. Moll.*, p. 87. — 1805. *Hist. Moll.*, p. 102,
pl. VII, fig. 6.
(2) *Helix carthusiana*, Müller, 1774. *Verm. terr. et fluv. hist.*, II, p. 15. — *Vide :* **A.** Lo-
ard, 1882. *Prodr. malac. franç.*, p. 71.

Gras. Depuis la publication de notre *Prodrome*, nous avons reçu l'*Helix Isarica* d'un grand nombre de stations nouvelles.

DESCRIPTION. — Coquille de taille assez petite, d'un galbe général sub-conique, à spire haute, notablement plus développée en dessus qu'en dessous, conique en dessus, assez bombée en dessous. — Test mince, solide, semi-transparent, d'un corné pâle, passant au roux clair, rarement fauve, irrégulièrement coloré, vaguement flammulé avec des teintes un peu plus foncées, se détachant difficilement sur un fond plus clair; devenant d'un blanc corné opaque après la mort de l'animal; d'un faciès un peu terne, rarement brillant; stries longitudinales très fines, très serrées, irrégulières, assez fortement burinées, légèrement flexueuses, presque aussi fortes en dessous qu'en dessus, atténuées à la naissance de l'ombi-lic; portant dans le jeune âge des poils courts, très épais, laineux, facilement caducs. — Spire haute, à tours bien étagés, un peu acuminée au sommet, composée de six tours à croissance irrégulière; les premiers tours à croissance lente et progressive, devenant plus rapide à l'avant-dernier tour, pour s'accroître encore considérablement sur tout le dernier tour; profil des tours bien convexe; dernier tour assez haut, un peu plus renflé en dessous qu'en dessus, s'arrondissant à son extrémité, orné d'une carène très obtuse, accusée surtout à la naissance du tour et sur une faible longueur parfois simplement indiquée par une bande étroite, un peu plus pâle au dernier tour, et sur une faible longueur, située un peu au-dessus de la ligne médiane. — Insertion du bord supérieur de l'ouverture toujours un peu tombante à son extrémité, mais sur une faible longueur, et devenant ainsi nettement infracarénale. — Sommet saillant, lisse, brillant, parfois de coloration un peu plus pâle que le reste de la coquille. — Suture assez profonde, bien accusée. — Ombilic étroit, visible jusqu'au sommet, évasé au dernier tour, de telle sorte que ce tour, à sa naissance dans l'ombilic, paraît sensiblement plus petit que le diamètre de l'ombilic, et que l'avant-dernier tour est visible sur presque toute sa longueur, mais sur une assez faible largeur. — Ouverture assez oblique, très arrondie, presque exactement circulaire dans tout son pourtour; portant à l'intérieur un bourrelet blanchâtre continu, mince, très peu saillant, un peu plus fort dans le bas que dans le haut. — Péristome discontinu, mince, droit, à bords rapprochés, convergents; bord supérieur très court, presque droit, bord externe et bord intérieur bien arrondis, bord columellaire court, un peu réfléchi sur l'ombilic. — Épiphragme très mince, membraneux, opaque, d'un blanc bleuâtre, mat.

Dimensions. — Hauteur totale, 6 à 6 1/2 millimètres; diamètre maximum, 9 1/2 à 10 1/2 millimètres.

Observations. — L'*Helix Isarica* offre des varations assez importantes à noter, portant surtout sur la taille et sur le galbe. Si ce galbe présente toujours ce faciès subconique, avec la spire haute, qui est en somme la donnée caractéristique de l'espèce, son ensemble peut devenir plus ou moins globuleux, suivant l'allure qu'affecte le dernier tour. Chez quelques individus, en effet, le dernier tour, sans être aussi nettement arrondi que chez l'*Helix montana*, paraît un peu plus renflé en dessous, et alors le galbe général de la coquille a une tendance à devenir plus globuleux, mais tout en conservant ses caractères ombilicaux et l'irrégularité de sa spire, ce qui la distingue de suite de l'*Helix montana*. Nous établirons donc une *var. globulosa*.

En outre, comme chez l'*Helix clandestina*, il y a lieu de distinguer des *var. major, minor, flammea, cornea, albida* et *rufula*, qui se définissent suffisamment d'elles-mêmes.

Rapports et différences. — L'*Helix Isarica* se rapproche surtout de l'*Helix clandestina*. On le distinguera : à son galbe plus conique ; à sa spire beaucoup plus haute ; à ses tours à profil plus convexe ; à son sommet plus saillant ; à son dernier tour plus gros, plus renflé, moins nettement caréné, et quand la carène existe, à la position de cette carène toujours plus médiane et plus nettement accusée ; à l'insertion du bord supérieur de l'ouverture toujours beaucoup plus tombante à son extrémité ; à son ouverture plus arrondie ; à son ombilic notablement moins évasé ; à son bord columellaire plus réfléchi sur l'ombilic ; etc.

Comparé à l'*Helix rufescens*, on le reconnaîtra : à sa taille toujours plus petite ; à sa spire relativement moins élevée ; au mode d'enroulement de ses tours toujours plus irrégulier ; à son dernier tour plus arrondi ; à sa carène beaucoup plus émoussée ; à ses stries plus fines, plus rapprochées, moins profondément burinées ; à son ombilic plus étroit, mais plus évasé au dernier tour ; à son ouverture encore plus nettement arrondie ; à l'insertion du bord supérieur de l'ouverture encore plus tombante à son extrémité ; etc.

Enfin, si on le rapproche de l'*Helix montana*, notre *Helix Isarica* se distinguera : à sa taille plus petite; à sa spire proportionnellement plus acuminée; à son galbe moins globuleux; à son dernier tour moins gros, moins renflé, à croissance beaucoup plus rapide, sur toute sa longueur; à son ombilic plus large et surtout plus évasé au dernier tour; à son ouverture plus tombante; à sa coloration le plus souvent plus pâle; etc.

HABITAT. — Peu commun; localisé en colonies généralement peu populeuses et à des altitudes variables. Nous l'avons observé dans les stations suivantes, vivant de préférence sous les pierres, dans les buissons, au voisinage des bois ou dans les haies touffues : en Suisse, aux environs de Zurich et de Lucerne. — En France dans l'Isère, aux environs de Grenoble, à Sassenage, au fort Barreau et à Saint-Nizier (1), etc.; la montagne de Parves, Hauteville, le Colombier, etc., dans l'Ain; Salins, dans le Jura; le col de l'Arc en Savoie; le roc de l'Epinet, dans la Drôme; les alluvions du Rhône, au nord de Lyon; l'Aube; etc.

HELIX PLEBICOLA, Locard.

Helix plebicola, Locard, 1886, *mss.*

HISTORIQUE. — Sous le nom d'*Helix plebicola* nous avons séparé des formes précédentes une coquille caractérisée par un ombilic extrêmement étroit quoique très profond. Nous l'avons observée toujours avec la même allure dans plusieurs stations différentes. C'est pour nous une espèce nouvelle et bien distincte de ses congénères.

DESCRIPTION. — Coquille de tuille moyenne, d'un galbe général subdéprimé, à peu près aussi développée en dessus qu'en dessous, assez convexe en dessus, assez bombée en dessous. — Test mince, solide, semitransparent, d'un corné clair, passant au fauve roussâtre et au blanc grisâtre, rarement monochrome, le plus souvent vaguement flammulé de teintes rousses se détachant sur un fond plus clair; devenant d'un blanc corné opaque après la mort de l'animal; d'un aspect un peu terne, plutôt chatoyant que brillant; stries longitudinales fines, très serrées, régulières quoique inégales, assez profondément burinées, légèrement flexueuses,

____

(1) Envoyé en 1849 par Repelin à J. de Charpentier, sous le nom d'*Helix glabella*, et provenant de cette dernière localité.

presque aussi fortes en dessous qu'en dessus, atténuées à la naissance
de l'ombilic ; dans le jeune âge quelques poils assez longs, espacés, facilement caducs. — Spire peu haute, faiblement acuminée sur le sommet,
composée de six tours à croissance lente et régulière, devenant un peu
plus rapide au dernier tour sur presque toute sa longueur ; profil des
tours faiblement convexe ; dernier tour assez haut, plus renflé en dessous qu'en dessus, portant dès sa naissance une carène obtuse mais nettement accusée, rendue encore plus sensible par une bande étroite d'une
teinte plus pâle que le reste de la coquille et dans une situation supra-
médiane, s'atténuant à peine au voisinage de l'ouverture. — Insertion
du bord supérieur de l'ouverture droite, ou à peine tombante sur une très
faible longueur tout à fait à l'extrémité chez les sujets très adultes, et
coïncidant avec la ligne carénale. — Sommet très peu saillant, lisse, brillant, de même coloration, ou de coloration un peu plus pâle que le reste
de la coquille. — Suture assez profonde. — Ombilic très étroit, difficilement visible jusqu'au sommet de la coquille, à peine évasé à son origine, laissant voir l'avant-dernier tour sur les trois quarts de sa longueur
et sur une faible largeur. — Ouverture assez oblique, subarrondie, un peu
plus large que haute ; faiblement arrondie dans le haut, bien arrondie
extérieurement, un peu méplane dans le bas ; portant à l'intérieur un bourrelet blanchâtre continu, mince, très peu saillant, un peu plus accusé dans
le bas que dans le haut. — Péristome discontinu, mince, droit, à bords
assez rapprochés, convergents ; bord supérieur très court ; bord columellaire arrondi, à peine réfléchi sur l'ombilic. — Épiphragme très mince,
membraneux, opaque, d'un blanc mat.

Dimensions. — Hauteur totale, 5 à 5 1/4 millimètres ; diamètre maximum, 9 1/2 à 10 millimètres.

Observations. — Cette dernière espèce, que nous n'avons vu citée nulle
part, forme en quelque sorte le passage entre le groupe de l'*Helix
rufescens* et celui de l'*H. hispida*, en servant d'intermédiaire entre l'*Helix
striolata* ou l'*Helix clandestina* et l'*Helix plebeia* (1). C'est à cause de son
affinité avec cette dernière espèce que nous avons proposé de lui donner
le nom d'*Helix plebicola*. Par son galbe déprimé, par sa ligne carénale, par
sa tendance à devenir glabre, elle tient encore au groupe de l'*Helix rufescens*, tandis que l'étroitesse de son ombilic la rapproche des *Helix ple-*

(1) *Helix plebeium*, Draparnaud, 1805. *Hist. Moll.*, p. 105, pl. VIII, fig. 5.

beia ou *H. sericea* (1). Telle est la raison pour laquelle nous l'avons inscrite à la fin de notre groupe. Les caractères étudiés sur des mollusques provenant de plusieurs colonies différentes nous paraissent constants; nous n'observons que des variations de coloration, les formes les plus septentrionales étant les plus pâles, les moins colorées. Nous indiquerons les *var. albida, cornea* et *rufula.*

RAPPORTS ET DIFFÉRENCES. — Comparé à l'*Helix clandestina*, notre *Helix plebicola* se distinguera : à son galbe moins déprimé, formant en quelque sorte un intermédiaire entre l'*Helix clandestina* et l'*H. Isarica*; à sa spire plus haute, mais moins élevée que celle de l'*Helix Isarica*; à sa carène beaucoup plus accusée; à ses tours moins convexes; à sa suture moins profonde; à son ombilic beaucoup plus étroit, à peine évasé à sa naissance; à son ouverture moins arrondie; etc.

Comparé à l'*Helix plebia*, on le distinguera : à sa taille généralement plus forte; à son galbe notablement plus déprimé dans son ensemble; à sa spire moins haute; à sa carène plus accusée; à son ouverture moins arrondie; à son ombilic un peu moins étroit, laissant bien mieux voir l'avant-dernier tour à l'intérieur; à ses poils plus facilement caducs; etc.

HABITAT. — L'*Helix plebicola* nous paraît une forme assez rare; nous ne l'avons observé que dans un petit nombre de stations de l'est de la France; il vit dans les jardins et les buissons, dans les régions un peu boisées, mais à d'assez faibles altitudes. Nous le connaissons dans les localités suivantes : Tenay, le Colombier, dans l'Ain; les alluvions du Rhône au nord de Lyon; Évian, dans la Haute-Savoie; Bief-du-Fourg, dans le Jura; l'Aube, où il a été recueilli par M. Bourguignat.

(1) *Helix sericea,* Draparnaud, 1801. *Tabl. Moll.,* p. 85. — 1805. *Hist. Moll,* p. 103, pl. VII, fig. 16-17.

TABLE ALPHABÉTIQUE

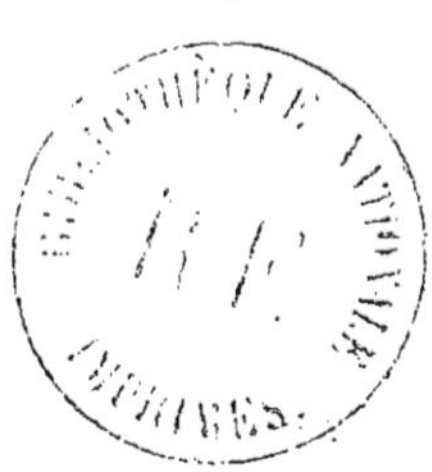

FIN DE LA TABLE ALPHABÉTIQUE

LYON — IMPRIMERIE PITRAT AÎNÉ, 4, RUE GENTIL

9 782013 577724